DARM-gesundheit beim Hund

Symptome erkennen
Zusammenhänge verstehen

MAIKE JOHN-SAUERSTEIN

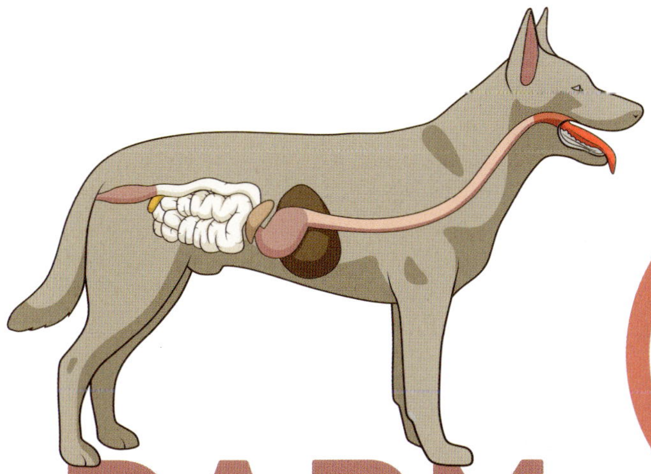

Verdauungs-
STÖRUNGEN
VORBEUGEN!

DARM-gesundheit beim Hund

Symptome erkennen
Zusammenhänge verstehen

CADMOS

Haftungsausschluss:

Autorin und Verlag haben den Inhalt dieses Buches mit großer Sorgfalt und nach bestem Wissen und Gewissen zusammengestellt. Für eventuelle Schäden an Mensch und Tier, die als Folge von Handlungen und/oder gefassten Beschlüssen aufgrund der gegebenen Informationen entstehen, kann dennoch keine Haftung übernommen werden. Bei gesundheitlichen Beschwerden des Hundes empfehlen Verlag und Autorin grundsätzlich die Abklärung durch einen Tierarzt.

Gender-Erklärung:

Aus Gründen der besseren Lesbarkeit verzichten wir im Cadmos Verlag auf die gleichzeitige Verwendung der Sprachformen männlich, weiblich und divers (m/w/d) und wählen jeweils die männliche oder weibliche Form von personenbezogenen Hauptwörtern. Dies soll jedoch keinesfalls eine Geschlechterdiskriminierung oder eine Verletzung des Gleichheitsgrundsatzes zum Ausdruck bringen. Frauen, Männer und Diverse mögen sich von den Inhalten unserer Publikationen gleichermaßen angesprochen fühlen.

Impressum

CADMOS im CADMOS Verlag

Covergestaltung, grafisches Konzept, Satz: Gerlinde Gröll, www.cadmos.de

Satz: Lisa Hahsler

Fotos am Umschlag: Shutterstock/Liudmila Bohush (Cover), Shutterstock/Alexander_P (Illustration), privat (Porträt)

Lektorat: Christa Klus-Neufanger

Druck: www.graspo.com

Deutsche Nationalbibliothek – CIP-Einheitsaufnahme

Die Deutsche Nationalbibliothek verzeichnet diese Publikation in der Deutschen Nationalbibliografie; detaillierte bibliografische Daten sind im Internet über http://dnb.ddb.de abrufbar.

Printed in EU

ISBN: 978-3-8404-2075-7

Inhalt

Foto © Archiv M.John-Sauerstein

» Dieses Buch ist ein Herzensprojekt ...

von mir und ich freue mich sehr, dass ich es realisieren konnte. Deshalb möchte ich hier die Gelegenheit nutzen und all den Hundemenschen danken, die ich in den letzten Jahren begleiten durfte und die mir und meiner Arbeit ihr Vertrauen geschenkt haben.

Das Leben mit einem Magen-Darm-kranken Hund ist nicht immer einfach und oft anstrengend, manchmal endet der Weg auch in einer Sackgasse. Gerade weil ich das weiß, freue ich mich umso mehr über die gute Zusammenarbeit mit Hundebesitzern und Interessierten. Diese Verbindungen haben es mir immer wieder möglich gemacht, individuelle Lösungen für meine Patienten zu finden.

Ganz besonders toll finde ich, dass mir Fotos von meinen vierbeinigen Patienten für dieses Buch zur Verfügung gestellt wurden. Vielen Dank dafür!

Hast du spezielle Fragen oder möchtest du mehr über die Symptome und Behandlung von Magen-Darm-Erkrankungen wissen?

Dann trag dich auf meiner Website **www.tierisch-wichtig.de** in die Newsletter-Liste für meine **Hunds-Post** ein. Hier geht es um die Dinge, bei denen andere die Nase rümpfen: Tipps und Infos zu Magen-, Darm- und Verdauungsstörungen von Hunden. Und natürlich auch ganz viel über Ernährung.

VORWORT

Wie du dieses Buch nutzen kannst

Wenn du diese Einleitung liest, kämpfst du wahrscheinlich schon länger mit den Magen-Darm-Problemen deines Hundes. Vielleicht hast du auch schon vieles versucht. Hast Tierarzt oder Tierheilpraktiker gewechselt.

Du hast neues Futter ausprobiert und Ernährungszusätze gekauft. Dich durch viele Seiten Internet gelesen und danach durch noch mehr Tipps und Vorschläge gearbeitet. Du bist womöglich schon viele unterschiedliche Wege gegangen – trotzdem kommen der Durchfall, die Blähungen, das Darmgrummeln oder Erbrechen, kommen die Beschwerden deines Hundes immer wieder.

Warum also auch noch ein Buch zu diesem Thema lesen?

Weil ich dich mit diesem Ratgeber begleiten möchte: vor allem durch die schlechten Phasen, in denen es deinem Hund nicht gut geht. Ich möchte dir Auslöser für seine Beschwerden erklären sowie Lösungsansätze und Zusammenhänge zeigen.

Ich kann dir nicht versprechen, dass du am Ende einen gesunden Hund hast. Auch dann nicht, wenn du alles umsetzt, was ich in diesem Buch vorschlage. Ich kann dir aber garantieren, dass du nach diesem Buch einen anderen Blick auf die Probleme und Symptome deines Hundes hast.

Du verfügst dann über ein Wissen, das dir hilft, die Erkrankung deines Hundes richtig einzuschätzen. Einzelne Symptome werden dich nicht mehr in Sorge versetzen, weil du weißt, wie du darauf reagieren kannst.

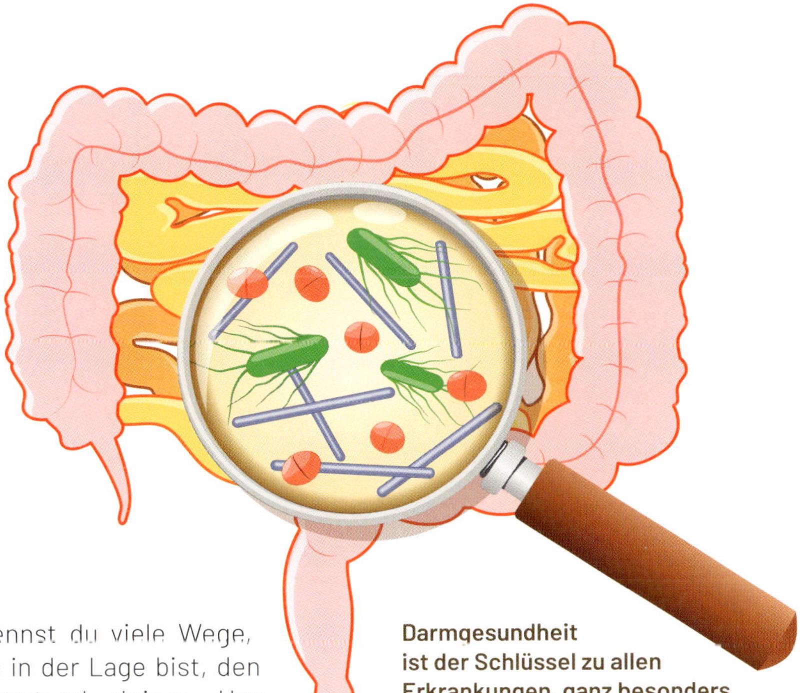

Darmgesundheit ist der Schlüssel zu allen Erkrankungen, ganz besonders aber zu allen Formen von Verdauungsstörungen.

Illustration © Shutterstock/Designua

Außerdem kennst du viele Wege, mit denen du in der Lage bist, den Gesundheitszustand deines Hundes deutlich zu verbessern. Im Idealfall kommt es zu einer Heilung – auch bei einer chronischen Erkrankung.

Um all das zu erreichen, musst du zunächst wissen, wo das Problem seinen Ursprung hat. Damit du nicht das ganze Buch von vorn bis hinten durchackern musst, habe ich es so aufgeteilt, dass du dich zuerst mit den akuten Problemen deines Hundes beschäftigen kannst. Im ersten Teil des Buches findest du deshalb viele wichtige Infos zu den einzelnen Erkrankungen und ihren Symptomen. Folgendermaßen sind die Kapitel gegliedert:

- Grundlegende Infos über das betroffene Organ, zum Beispiel den Magen, und seine Aufgaben im Verdauungsprozess.
- An welcher Stelle können Probleme auftreten und warum?
- Wie äußern sie sich?
- Welche Symptome können sich zeigen?
- Was kann ich tun?
- Welche Therapiemöglichkeiten gibt es?

Foto © Shutterstock/Kharzey

» Dieses Buch ist für dich richtig, wenn du Hilfe für dein Magen-Darm-geplagtes Tier suchst. In meiner Praxis dreht sich alles um Verdauungsstörungen, Magen-Darm-Erkrankungen, Allergien und natürlich um die Wiederherstellung der Darmgesundheit. Für mich ist das ein Herzensthema.

Die zweite Hälfte dieses Buches befasst sich ausführlich mit dem Thema Darmgesundheit. Die Darmgesundheit ist mir ein absolutes Herzensthema, denn mit dem Zustand des Darms steht und fällt die Gesundheit unserer Hunde. Das Wissen um die Bedeutung des Darms ist im Humanbereich schon seit Jahren bekannt, in der Tiermedizin findet es allerdings erst nach und nach Anwendung. Und leider in den meisten Fällen sehr oberflächlich. Zurzeit sind es hauptsächlich Tierheilpraktiker, die sich mit dem Bereich der Darmgesundheit ausführlicher beschäftigen.

Gleichzeitig fällt mir auf, dass immer mehr Nahrungsergänzungsmittel auf den Markt kommen und aktiv beworben werden, die die Darmgesundheit unserer Hunde unterstützen sollen. Warum du deinem darmkranken Hund damit nicht automatisch einen Gefallen tust, erfährst du ebenfalls in diesem Kapitel. Außerdem findest du hier alle wichtigen Infos zum Thema Darmgesundheit:

- Warum ist die Darmflora so wichtig?
- Was passiert, wenn sie nicht in Ordnung ist?
- Wo und wie zeigt sich eine beeinträchtigte Darmflora?
- Was kann ich tun, um meinem Hund zu helfen?
- Was ist ein Darmflora-Screen?
- Wie mache ich eine Darmsanierung?

Das sind lauter Fragen, die ich dir in diesem Kapitel beantworte. Denn Hunde, die unter einer chronischen Magen-Darm-Erkrankung leiden, haben immer auch ein Ungleichgewicht in ihrem Mikrobiom, ihrer Darmflora. Wenn dieses Problem nicht gezielt in Angriff genommen wird, kann sich dauerhaft kein gesunder Zustand einstellen. Ohne dass der Darm wieder in einen guten, arbeitsfähigen Zustand versetzt wird, kann jede Behandlung nur mehr oder weniger kurzzeitige Erleichterung oder Beschwerdefreiheit bringen.

Du siehst, dieser Ratgeber bietet dir eine Menge Informationen zum Thema Magen-Darm-Erkrankungen von Hunden. Was dieses Buch nicht kann, ist, den Gang zum Tierheilpraktiker oder Tierarzt zu ersetzen. Wenn du dir unsicher bist oder dein Tier Symptome zeigt, die du nicht einordnen kannst, dann such dir bitte unbedingt fachkundige Hilfe. Das gilt besonders dann, wenn du Organerkrankungen hinter den Symptomen vermutest. Für eine qualifizierte Diagnose sind oft Untersuchungen notwendig, die nur von Fachkräften ausgeführt werden können.

Deine Maike

Maike John-Sauerstein

Foto © Shutterstock/Christian Mueller

Wie äußern sich Magen-Darm-Erkrankungen bei Hunden?

Woran kann ich erkennen, ob mein Hund eventuell betroffen ist? In der folgenden Aufzählung findest du viele Symptome, die typischerweise bei Hunden mit Verdauungsstörungen auftreten.

- **Appetitlosigkeit:** Zeigt sich häufig, wenn der Magen die Problemzone ist.
- **Bauchgrummeln:** Deutlich hörbare Darmgeräusche, lautes Gluckern oder Quietschen
- **Bauchschmerzen:** Für Bauchschmerzen gibt es viele verschiedene Anzeichen. Häufig zeigen sie sich durch einen hochgezogenen Rücken, durch die sogenannte Gebetshaltung (vorn tief, hinten hoch), durch Unruhe, durch einen langsamen, steifen Gang.
- **Blähungen:** Entstehen zum Beispiel, wenn unverdaute Futterbestandteile in den Dickdarm gelangen und dort bakteriell zerlegt werden müssen. Bei diesem Prozess entstehen Gase, die den Hund auch verlassen müssen.
- **Durchfall:** Häufiger Kotabsatz (mehr als 3-mal am Tag), mehr wässrige Anteile und formlos.
- **Gras fressen:** Hektisches Grasfressen zeigt ein Hund, der seinen Magen beruhigen will. Viele Hunde zeigen das Verhalten besonders morgens.
- **Kotabsatz, häufig:** Der Kot sieht ganz normal aus, dein Hund macht aber viel mehr als 1–2 Häufchen am Tag.
- **Kot, blutig:** Frisch rotes Blut kommt normalerweise aus dem Dickdarm. Dunkles, fast schwarzes Blut kommt aus dem Dünndarm und ist auf seinem Weg nach draußen mitverdaut worden.
- **Kotmenge, groß:** Die Häufchen sind deutlich größer als normal. Der gesamte Kotabsatz eines Tages ist fast gleichzusetzen mit der gefütterten Futtermenge.
- **Kot, wechselhaft:** An einem Tag sind die Häufchen fest, am nächsten wieder weich. Ständiger Wechsel der Kotkonsistenz. Dieser Wechsel kann auch innerhalb eines Tages stattfinden.
- **Leerschlucken:** Schluckbewegungen, obwohl der Hund nichts gefressen hat.
- **Schmatzen:** Schmatzgeräusche, zum Beispiel nach dem Fressen, in Ruhephasen, aber auch nachts.

1...

Die Schwachstellen von Speiseröhre und Magen

Praxisbericht

„Mir ist gar nicht mehr aufgefallen, dass Rocky jede Nacht geschmatzt hat. Irgendwie hatte ich mich an dieses Nebengeräusch im Schlafzimmer gewöhnt. Ich war aber immer mit einem Ohr beim Hund. Mein Schlaf war nicht mehr wirklich erholsam. Erst jetzt, wo nachts alles still ist, weil Rocky ruhig schläft, fällt mir das richtig auf."

Das Schmatzen ist in den meisten Fällen ein Symptom für zu viel Magensäure, die dem Hund ein großes Problem bereitet. Um zu verstehen, was es genau mit der Magensäure auf sich hat, schauen wir uns die Aufgaben des Magens und der Speiseröhre einmal genauer an.

Die Speiseröhre des Hundes ist auf ihrer ganzen Länge mit Schleim abgebenden Drüsen ausgestattet. Der Schleim verhindert, dass die teilweise großen Fleischstücke beim Abschlucken hängen bleiben. Sie werden normalerweise wie auf einer seifigen Rutschbahn problemlos in den Magen befördert.

Der Magen ist ein Gebilde, das mich immer an einen Dudelsack erinnert. Die Form sieht zumindest ein wenig so aus. Er ist am Anfang und am Ende durch einen Ringmuskel verschlossen, damit der Nahrungsbrei während des Verdauungsvorgangs auch wirklich im Magen bleibt und sich nicht vorn oder hinten hinausschummelt. Der Magen lässt sich grob in drei Zonen einteilen, die alle etwas unterschiedliche Aufgaben haben:

Foto © Shutterstock/giocalde

Hektisches Grasfressen ist häufig ein Anzeichen für Probleme im Magen.

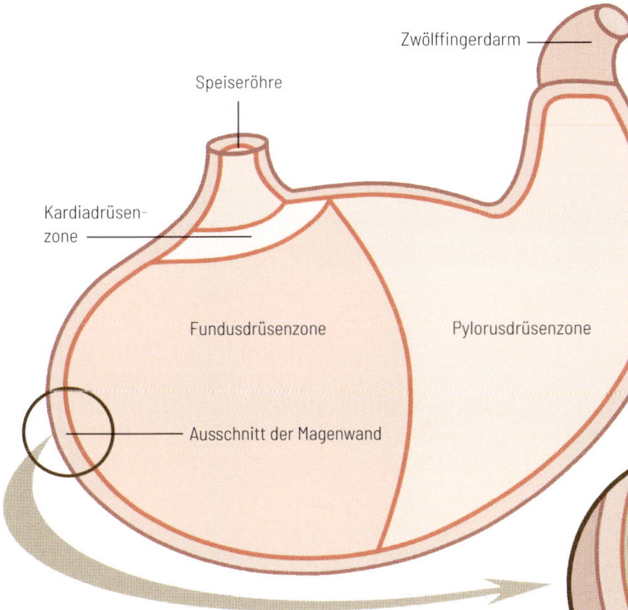

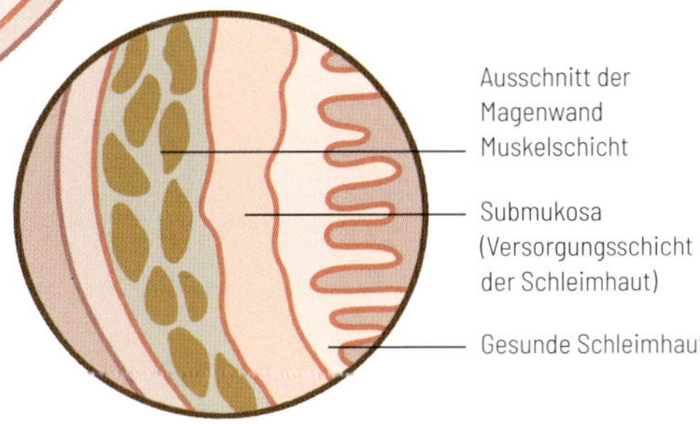

ZONE 1: Direkt hinter dem Eingang befindet sich die Kardiadrüsenzone, die Sekret und Schleim bildet. Dieser Schleim ist wichtig, weil er sich an die Magenwand legt und sie so vor der aggressiven Magensäure schützt.

ZONE 2: Der nächste Bereich ist die Fundusdrüsenzone. Auch hier wird Schleim gebildet. Außerdem entstehen hier die für die Verdauung wichtigen Magensäfte. Sie enthalten Verdauungsenzyme und Salzsäure.

Wenn Futter in den Magen kommt, wird der pH-Wert an dieser Stelle auf 3,5–1,5 abgesenkt. Hier ist es also sehr sauer. Dieser niedrige pH-Wert ist sinnvoll, denn die meisten Fremdkeime, die über die Nahrung aufgenommen werden, überstehen dieses Säurebad nicht. Die Magensäure hat aber nicht nur die Aufgabe, Keime abzutöten. Mit ihrer Hilfe beginnt auch der eigentliche Verdauungsvorgang. Der Magensaft durchweicht langsam das Futter. Gleichzeitig beginnen die ersten Verdauungsenzyme im Magen mit der Eiweißverdauung. Das Enzym Pepsin zerlegt die Eiweiße in kleine Teile, damit sie später von den Enzymen im Dünndarm weiterverarbeitet werden können. Auch die Fettverdauung startet schon im Magen.

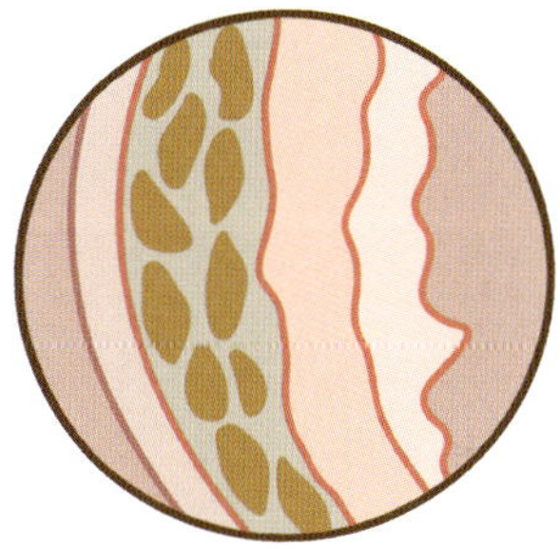

Negative Einflüsse auf die Schleimhaut

- **zu viel Magensäure**
- **Medikamente**
- **Stress**
- **Bakterien**

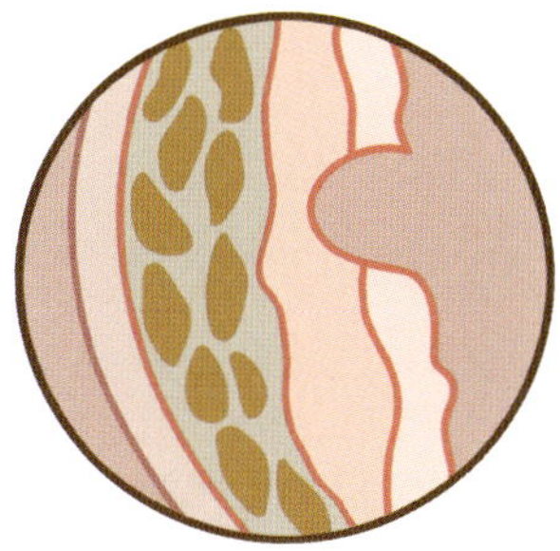

Verletzungen der Schleimhaut bis hin zu Magengeschwüren

Illustrationen © L. Hahsler nach Skizzen von M. John-Sauerstein

WICHTIG ZU WISSEN

Die Magensäure wird nicht nur gebildet, wenn die Hauptmahlzeiten ankommen. Auch für Leckerlis wird das ganze Verdauungsprogramm abgespult.

Es ist ein großer Unterschied, ob Hunde genüsslich einzelne Halme fressen oder grasen wie eine Kuh, um die Magensäure abzupuffern.

ZONE 3: Im Endteil des Magens, dem Pylorus, wird der Futterbrei durch Muskelkontraktionen ordentlich vermischt. Wie schnell das Futter den Magen wieder verlässt, hängt von mehreren Faktoren ab. Das Signal zur Weiterleitung in den Dünndarm wird gegeben, wenn der Futterbrei einen bestimmten Grad der Verflüssigung erreicht hat.

Sodbrennen – Feueralarm in der Speiseröhre

Sodbrennen beim Hund, gibt es das tatsächlich? Zuerst die Antwort: Ja, das gibt es sogar häufig. Viele Hunde leiden unter Sodbrennen. Du wirst feststellen, dass dieses Kapitel relativ lang ist. Der Grund dafür liegt darin, dass Sodbrennen keine eigenständige Erkrankung ist, sondern ein Symptom, das uns auf eine Verdauungsstörung hinweist. Sodbrennen als Symptom wird dir in diesem Buch immer wieder und bei fast allen beschriebenen Krankheitsbildern begegnen. Weil es so häufig auftritt, beschreibe ich es hier ganz genau.

Im Gegensatz zur Anatomie von uns normalerweise aufrecht stehenden Menschen dockt die Speiseröhre beim Hund fast waagerecht an den Magen an. Dieser Umstand macht es für die Magensäure deutlich einfacher, in die Speiseröhre zu gelangen. Das Problem mit dem Sodbrennen entsteht genau an dieser Stelle, nämlich am Übergang von der Speiseröhre in den Magen. Wenn die Klappe am Eingang des Magens nicht richtig schließt, kann unter gewissen Umständen ein Teil des sauren Nahrungsbreis vom Magen in die Speiseröhre zurücklaufen. Die Magenwand ist gegen den hohen Säuregehalt geschützt, die Speiseröhre aber nicht.
Hinzu kommt, dass der zurücklaufende Magensaft nicht nur sauer ist, sondern auch noch mit dem Verdauungsenzym Pepsin versetzt ist. Diese Kombination kann die Speiseröhre auf Dauer stark schädigen und zu Verletzungen der Schleimhaut bis hin zu Geschwüren führen. Dieser Rückfluss (Reflux) verursacht ein äußerst schmerzhaftes Brennen in der Speiseröhre.

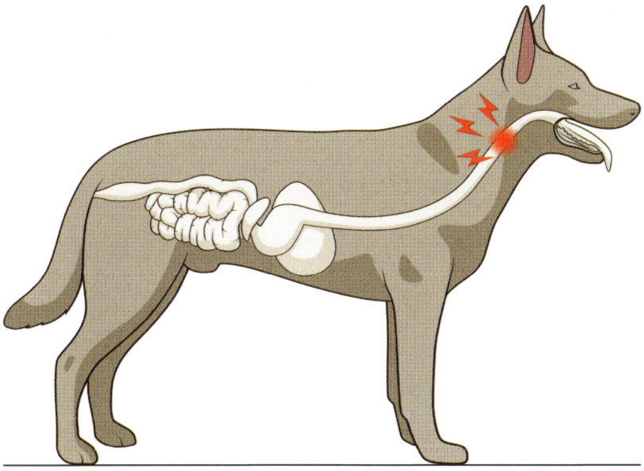

Foto © Shutterstock/Alexander_P

Foto © Shutterstock/evrymmnt

Ein Hund mit Magensäure-Problemen ist nachts im Bett nicht zu überhören.

Woran erkenne ich, ob mein Hund unter Sodbrennen leidet?

Es gibt viele Anzeichen, die ein Hinweis auf Sodbrennen sein können. Die drei häufigsten sind Grasfressen, Leerschlucken und Schmatzen.

Grasfressen ist ein sehr häufiges Symptom bei Sodbrennen, das zeigt sich bei vielen Hunden besonders morgens. Während der Nacht hat sich bei einigen Hunden Magensäure angesammelt, sodass sie sich morgens regelrecht auf das Gras stürzen. In der Hoffnung, dass sie mit dem Erbrechen des Grases auch die Magensäure loswerden. Manche Halter erzählen mir, dass ihre Hunde morgens

Weitere Symptome in Verbindung mit Sodbrennen

Hunde, die schon länger unter Sodbrennen leiden oder unter sehr starkem Sodbrennen, zeigen meistens noch weitere Symptome, die zunächst vielleicht gar nicht mit dem Sodbrennen in Zusammenhang gebracht werden.

- **Aufstoßen**, häufig in Verbindung mit Schmatzen und Leerschlucken.
- **Starke Unruhe**, verursacht durch den brennenden Schmerz in der Speiseröhre.
- **Appetitlosigkeit**, besonders morgens.
- **Erbrechen** als Möglichkeit, die Magensäure loszuwerden.
- **Großer Durst**, denn mithilfe der Flüssigkeit wird die Magensäure verdünnt und die Speiseröhre „gespült".
- **Bauchschmerzen**, verursacht durch einen von Säure angegriffenen Magen.

am Futter vorbeilaufen und zuerst in den Garten wollen. Da stehen sie dann und fressen Gras wie eine Kuh. Allerdings nicht so gemütlich wie die Wiederkäuer, sondern eher hektisch und unentspannt. Bei anderen ist es nicht so auffällig.

Grasfressen ist nicht gleich Grasfressen. Wenn dein Hund in aller Ruhe Hälmchen für Hälmchen abzupft, dann schmeckt es ihm einfach nur. Hunde, die Gras fressen, um ihren Magen zu beruhigen, wirken beim Fressen gestresst und hektisch.

Ein weiteres auffälliges Anzeichen ist das **Schmatzen**. Viele von Sodbrennen geplagte Hunde schmatzen nach dem Fressen oder während Ruhephasen, in denen sie liegen. Wenn man nicht weiß, dass dies ein Zeichen für immer wieder aufsteigende Magensäure sein kann, könnte man es als genüssliches Verdauen ansehen. Als solches wird es irrtümlich oft eingestuft. Häufiges Schmatzen ist allerdings in fast allen Fällen ein Hinweis auf Sodbrennen. Viele Hunde schmatzen hauptsächlich nachts. Wenn du deinen Hund mit im Schlafzimmer hast, wirst du das kennen und womöglich genervt sein davon. Diese Schmatzerei kann einem den Schlaf rauben. Aber dein Hund kann dann auch nicht schlafen und braucht Hilfe. Häufig sind die Hunde unruhig und wechseln ständig ihren Liegeplatz oder laufen einfach nur herum.

Das dritte, häufige Symptom ist das sogenannte **Leerschlucken**. Für mich ist das ein auffälliges Zeichen, trotzdem wird es oft übersehen. Beim Leerschlucken machen die Hunde eine Schluckbewegung und/oder ein Schluckgeräusch, obwohl sie gar nichts gefressen haben. Es sieht aus wie „leeres Schlucken". Auf diese Weise versucht der Hund, die aufsteigende Magensäure wieder zurück in den Magen zu befördern. Auch dieses Verhalten ist ein Schutz gegen die brennende Säure in der Speiseröhre.

Wodurch wird Sodbrennen ausgelöst?

Für das Symptom Sodbrennen gibt es unterschiedliche Auslöser. Die Hauptverursacher dieser unangenehmen Beschwerden sind bei Hunden, genauso wie bei Menschen, „falsche" Ernährung, Stress und/oder Dauergaben bestimmter Medikamente.

Fütterung als Auslöser von Sodbrennen

Der Hauptauslöser von Sodbrennen bei Hunden ist das Futter. Dabei verwende ich mit Absicht nicht die Bezeichnung „schlechtes Futter", sondern für den jeweiligen Hund „nicht passendes". Je nachdem, wie magensensibel dein Hund ist, wirst du die Probleme kennen.

Bei manchen Hunden reicht es schon, wenn das Futter zu kalt ist, weil es direkt aus dem Kühlschrank kommt. In den meisten Fällen ist aber die mangelhafte Verdaulichkeit des Futters die Ursache. Viele Bestandteile unseres Hundefutters sind für den Hund schwer verdaulich und der Nahrungsbrei bleibt deshalb lange im Magen liegen. Die mit Magensäure versetzte Futtermasse kann dabei zu gären anfangen. Hierbei entstehen Gase, die sich ihren Weg nach draußen suchen. Und in diesem Fall geht der Weg nach oben hinaus, über die Speiseröhre, am schnellsten. Mit diesen Gasen kommt immer auch etwas Magensäure mit.

Schwer(er) verdaulich ist ein Futter dann, wenn es viel bindegewebshaltige Komponenten enthält. Stark mit Bindegewebe durchsetzt sind zum Beispiel Lunge, Pansen und Euter. Gerade Lunge finden wir auf vielen Futtermitteln weit vorn in der Auflistung der Zutaten. Manchmal sogar noch vor der Angabe „Fleisch“. Deshalb ist bei Hundepatienten meine erste Frage an die Besitzer

Zu kaltes Futter schlägt auf den Magen, es sollte deshalb Zimmertemperatur haben.

Auch Leckerchen können Sodbrennen auslösen.

immer die nach der aktuellen Fütterung. Zu den schwer verdaulichen Futtermitteln gehören auch die beliebten Rinderhautknochen oder Schweineohren. Deshalb sind diese Futterbestandteile nicht automatisch schlecht. Die meisten Hunde haben keine Probleme mit solchen schwer verdaulichen Futterinhalten. Aber zu mir in die Praxis kommen natürlich eher die, denen es damit nicht so gut geht.

Zu viel Fett im Futter kann ebenfalls Sodbrennen auslösen. Denn Fett regt die Produktion der Magensäure an. Meistens ist es nicht das Futter selbst, sondern die kleinen Leckerchen, die ein Hund zwischendurch bekommt. Vielleicht hast du auch so ein Ritual: Beim Frühstück ein Löffelchen Leberwurst oder ein Stück Toast mit Butter für deinen Hund. Wenn er das gut verträgt, dann darfst du das auch weiterhin so machen. Fällt dir auf, dass er danach immer schlucken oder schmatzen muss, versuch es doch einfach mit einem anderen Leckerli. Zum Beispiel mit einem Stück Gurke, wenn er Gemüse mag. Oder mit einem Löffel Hüttenkäse.

Im Gegensatz zum Stress als Auslöser ist das Futter normalerweise relativ leicht zu verändern. Je hochwertiger die Fütterung ist, desto leichter fällt dem Organismus die Verdauung (und desto weniger Häufchen gibt es in den meisten Fällen).

Eine Überprüfung der gefütterten Ration durch einen Tier-Ernährungsberater und eine anschließende Anpassung kann hier wahrscheinlich schnell Abhilfe schaffen. Schwieriger wird es, wenn der Auslöser nicht so einfach zuzuordnen ist.

Stress als Auslöser von Sodbrennen

Vielleicht kennst du das selbst auch? Andauernder Stress schlägt auf den Magen. Wenn der Stress nicht nachlässt, leidet irgendwann die Verdauung darunter. Und eines der ersten Anzeichen in so einem Fall ist Sodbrennen. Das gilt auch für unsere Hunde. Aber wann haben Hunde Stress und wie kann Stress Sodbrennen auslösen?

Diese Ursache-Wirkungs-Kette stammt weit aus unserer Vorzeit. Wenn der Organismus unter Stress gerät, werden Adrenalin und Cortisol freigesetzt. Diese beiden Stresshormone sorgen dafür, dass der Körper in Alarmbereitschaft versetzt wird. Ein Vorgang, der bei Menschen und Hunden gleich abläuft. Als Reaktion stehen die beiden Möglichkeiten Kampf oder Flucht zur Verfügung. Damit im Organismus genügend Energie für diesen Zustand vorhanden ist, wird sie an anderer Stelle abgezogen. Unter anderem bei der Verdauung, die in einem solchen Zustand nicht benötigt wird.
Wer hat schon Zeit, mit einer drohenden Gefahr im Nacken erst einmal etwas zu

Stress kann Sodbrennen verursachen, auch wenn der Hund gern arbeitet.

Die Fütterung im Mehrhunde-Haushalt kann für alle Beteiligten stressig sein.

essen!? Die vorhandene Energie kann nur einmal verbraucht werden. Wenn sie für eventuelles Angriffs- oder Fluchtverhalten bereitstehen soll, fehlt sie an anderer Stelle: zum Beispiel bei der Verdauung. Der Magen arbeitet deshalb bei Stress langsamer und der Nahrungsbrei bleibt länger im Magen liegen. Jetzt passiert genau das, was ich oben beim Thema „schwer verdauliches Futter" geschrieben habe. Es bilden sich Gase, die sich den Weg nach draußen suchen. Wenn jetzt der Schließmuskel zur Speiseröhre nicht richtig arbeitet oder dem Druck der aufsteigenden Gase nicht standhält, hat der Futterbrei die Möglichkeit, zurück in die Speiseröhre zu laufen. Durch den begonnenen Verdauungsprozess ist das Futter schon ordentlich mit Magensäure vermischt, sodass der Rückfluss in die Speiseröhre eine unangenehm brennende beziehungsweise schmerzhafte Angelegenheit ist.

Hunde schlucken diese aufsteigende Masse oder Flüssigkeit direkt wieder runter. Das Symptom „Leerschlucken" habe ich auf Seite 15 schon beschrieben. Ich finde, dieses Wort bezeichnet den Vorgang gut und mit dieser Beschreibung lässt sich das Symptom auch von Laien erkennen. Der Hund macht eine leichte Schluckbewegung und manchmal auch ein Schluckgeräusch, obwohl es kein Futter gab.

Wann haben Hunde Stress?

Stress hat ein Hund nicht nur, wenn er an der Leine ist und in 50 Metern Entfernung ein Reh steht. Stressig ist es für viele Hunde auch, wenn sie häufig längere Zeit allein sind und nicht sicher wissen, ob Frauchen oder Herrchen wirklich zurückkommen.

Stress entsteht für den einzelnen Hund häufig in Mehrhundehaushalten. Zum Beispiel dann, wenn es in einem Hunderudel unentspannt zugeht und ein Rudelmitglied ständig um seine Position in der Rangordnung fürchten muss. Das trifft sowohl auf Hunde zu, die an unterster Stelle im Rudel stehen und unter dieser Position leiden. Aber auch auf manche Rudelführer, die ihren Rang regelmäßig verteidigen müssen.

Oft ist das, was wir als positiv ansehen, für unsere Hunde mit Stress verbunden. Hundesport gehört zu den Bereichen, die den Hunden Spaß machen, bei ihnen aber trotzdem Stress auslösen können. Natürlich kann man das nicht pauschal sagen. Hier ist es wie mit dem Futter. Die meisten Hunde können diesen Stress gut aushalten. Aber eben nicht alle.

Praxisbeispiel

O-Ton einer Border-Collie-Besitzerin in der Praxis: „Sie kann nicht zugucken, sie steigert sich da richtig rein. Sobald sie irgendwelche Signalwörter hört wie Okay oder Tunnel, dann flippt sie völlig aus. Eine Zeit lang konnte ich sie in ihre Box schicken, wenn sie warten musste, das geht jetzt auch nicht mehr. Sie liegt jetzt auf ihrer Decke beim Warten und fängt an, an ihrer Leine zu knabbern."

Diese Hündin ist ein gutes Beispiel. Sie hat riesigen Spaß am Agility und möchte gern Leistung bringen. Und genau das ist ja auch ein Zuchtziel bei dieser Rasse. Es ist deshalb keine Lösung, sie einfach vom Sport fernzuhalten. Unterforderung würde bei ihr wahrscheinlich dasselbe Problem auslösen.

Ihr Magen ist allerdings so empfindlich, dass er auf den Stress jedes Mal reagiert. Ob das der alleinige Auslöser der vielfältigen Probleme dieser Hündin ist, ist nicht eindeutig zu sagen. Aber mit Sicherheit ist es ein Aspekt, der die Erkrankung immer wieder anfacht. Manchmal sind es die Hundehalter, die ihren Hund falsch einschätzen und mit ihnen mehr sportliche Aktivitäten unternehmen, als die Vierbeiner von selbst machen würden. Für einen Hund ist es auch Stress, wenn ihm die Ruhephasen fehlen. Und das kann krank machen.

Mir ist bewusst, dass es schwer ist, die Stress auslösenden Situationen zu verändern. Oft lassen es die persönlichen Lebensumstände kaum zu. Trotzdem ist es ein wichtiges Thema, das mir in meiner Arbeit immer wieder begegnet. Und bei dem es sich lohnt, nach möglichen Lösungen zu suchen.

Als Tierheilpraktikerin und Ernährungsberaterin konzentriere ich mich hier auf die Aspekte, die in meinen Kompetenzbereich fallen: Symptome lindern, Immunsystem unterstützen, Fütterung anpassen. Mit diesen drei Säulen ist den meisten Hunden schon sehr geholfen und es kommt zu entscheidenden Verbesserungen des Gesundheitszustands.

Natürlich ist die Stresstoleranz von Hund zu Hund unterschiedlich. Als Besitzer eines Sodbrennen-Kandidaten solltest du allerdings alle möglichen Szenarien durchgehen, um den eventuellen Stressverursacher zu finden.

Es gibt noch einen weiteren positiven Stressauslöser, den viele Hundebesitzer nicht bedenken: Nimmst du deinen Hund mit in den Urlaub? Das ist für die meisten Hunde eine tolle Sache und sie würden es einem Aufenthalt in einer Hundepension immer vorziehen. Denn egal, wie gut die Hundepension ist: Frauchen/Herrchen ist weg und der Hund befindet sich in einer fremden Umgebung. Manche Hunde stecken das locker weg, für manche ist es der pure Stress.

Foto © Shutterstock/KajaNi

Bei sportlichen Hunden kann auch positiver Stress Magenprobleme auslösen.

Foto © Archiv M.John-Sauerstein

Die „Mit-in-den-Urlaub-Alternative" ist allerdings für anfällige, sensible Hunde auch stressig. Bei manch einem meiner Patienten wurde der erste „Schub" im Urlaub ausgelöst. Fremde Umgebung, alles neu, anders und große Aufregung. Obwohl Urlaub für die Hunde grundsätzlich nichts Negatives ist, reicht das bei dem ein oder anderen Hund aus, um mit starkem Sodbrennen oder Durchfall zu reagieren. Das heißt nicht, dass dein Hund nicht mehr mit in den Urlaub fahren soll. Aber vielleicht kannst du ihm solche Situationen in Zukunft etwas erleichtern. Wie das geht, erfährst du später.

Naturheilkundliche Hilfe bei Sodbrennen

Viele Hunde versuchen sich selbst zu helfen, indem sie Gras fressen. Wenn dein Hund das auch macht, halte ihn nicht davon ab, denn das nimmt den Säureschmerz.

Allerdings musst du damit rechnen, dass das Gras nach einer Weile wieder hochgewürgt wird. Auch das muss sein. Denn dadurch kommt ein Teil des Futterbreis zusammen mit der Magensäure wieder heraus und schafft so Erleichterung.

Sicherheitshalber muss ich an dieser Stelle erwähnen, dass manche Hunde das Gras nicht erbrechen und dann große Schwierigkeiten beim Kotabsatz bekommen. Bei anderen bleibt das Gras lange im Magen liegen und verursacht dort Probleme. Wenn du so eine Erfahrung schon gemacht hast, dann lass deinen Hund nur wenig oder gar kein Gras fressen. Den meisten Hunden schadet das Grasfressen aber nicht.

Viele Hunde versuchen sich mit „viel trinken" zu helfen. Die Flüssigkeit verdünnt die Magensäure und hilft auch gegen das Brennen. Manchen Hunden hilft ein Stück trockenes Brot oder Zwieback, um den Magen zu beruhigen und einen Teil der Magensäure zu binden. Auch Joghurt kann kurzfristig helfen. Oder Hüttenkäse. Welcher dieser Tipps für deinen Hund passt, kannst du ausprobieren. Du machst damit auf keinen Fall etwas falsch.

WICHTIG ZU WISSEN

Mögliche Auslöser für Sodbrennen sind:

- Stress
- unangepasstes Futter
- häufiges Erbrechen
- Fremdkörper
- Narkose
- Medikamente

Auch einige organische Erkrankungen haben unter anderem Sodbrennen als Symptom. Zum Beispiel die Gastritis, eine Magenschleimhautentzündung, die ich im nächsten Kapitel beschreibe.

Heilmittel werden mit etwas Joghurt gern akzeptiert.

Allerdings sollten das alles nur kurzzeitige Hilfen sein, in einer akuten Phase. Zum Beispiel, wenn dein Hund nach einer schlecht vertragenen Mahlzeit Anzeichen von Sodbrennen zeigt. Treten diese Symptome häufiger auf, ist es wichtig, nach der Ursache zu suchen. Denn ständiges Sodbrennen kann die Speiseröhre schädigen und/oder ein Anzeichen für eine Gastritis (Magenschleimhautentzündung) sein. Es gibt daneben noch einige andere natürliche Heilmittel, die du einsetzen kannst:

ULMENRINDE (Slippery Elm Bark)**:** Ulmenrinde enthält entzündungshemmende und schleimbildende Substanzen. Sie wird in Wasser angerührt, quillt auf und legt sich wie ein Schutzfilm auf die Schleimhäute von Speiseröhre und Magen. Das lindert die Beschwerden deutlich. Bei der Ulmenrinde ist es wichtig, dass du die Rinde der amerikanischen Rot-Ulme „Slippery Elm Bark" verwendest. Häufig wird normale Rot-Ulme angeboten, die aber deutlich weniger Schleimstoffe enthält.

HEILERDE: Heilerde ist ein Pulver, das nicht quellen muss. Sie lässt sich gut füttern, wenn du die Heilerde mit einem Löffel Joghurt vermischst. Im Gegensatz zur Ulmenrinde bekommst du Heilerde in jedem gut sortierten Drogeriemarkt. Ulmenrinde bekommt man mittlerweile auch vor Ort in einigen Futtermittelläden oder online. Heilerde saugt die überschüssige Magensäure wie ein Schwamm auf und transportiert sie nach draußen.

LEINSAMENSCHLEIM: Die Wirkung von Leinsamenschleim ist ähnlich wie die der Ulmenrinde. Der Schleim legt sich als Schutzschicht an die empfindliche Magenwand und schützt sie so vor der Magensäure. Der Leinsamenschleim hat Inhaltsstoffe, die der Magenschleimhaut sehr ähnlich sind. Dadurch kann er sich leicht anheften. Hinter dem Schutz aus Leinsamenschleim hat die Magenschleimhaut die Möglichkeit, sich zu regenerieren.

Sowohl Ulmenrinde als auch Heilerde und Leinsamenschleim puffern die Magensäure ab und sind deshalb nur für die kurzzeitige Anwendung gedacht. Denn ohne eine ausreichende Menge an Magensäure wird die Verdauung ebenfalls gestört. Wenn dein Hund dauerhaft unter Sodbrennen leidet, solltest du während dieser Zeit unbedingt nach der Ursache suchen. Denn bei längerer Verabreichung verhindern Ulmenrinde und Co eventuell auch die ausreichende Nährstoffaufnahme aus dem Futter.

Gemahlene Ulmenrinde

Foto © Shutterstock/ Alex Bogatyrev

Wenn dein Hund neben den naturheilkundlichen Stoffen gleichzeitig Medikamente bekommt, ist es wichtig, auf einen zeitlichen Abstand zwischen der Gabe von Medikamenten und Schleimstoffen zu achten. Denn sie verhindern möglicherweise die vollständige Aufnahme der Medikamente. Ein zeitlicher Abstand von zwei Stunden ist ausreichend.

Mag dein Hund die angerührten Schleimstoffe nicht fressen, kannst du sie mit etwas Wasser in eine Einwegspritze ziehen und deinem Hund seitlich ins Maul geben. Heilerde mit Joghurt wird von den meisten Hunden freiwillig gefressen. Eine allgemeingültige Empfehlung für eines dieser Heilmittel kann ich dir leider nicht geben. Probiere einfach aus, worauf dein Hund am besten reagiert.

Es gibt aber nicht nur naturheilkundliche Mittel, die gegen Sodbrennen eingesetzt werden. Vielleicht hast du bisher auch schon einen oder sogar verschiedene der gängigen Magensäureblocker ausprobiert. Damit du weißt, wie sie wirken und worin sie sich unterscheiden, habe ich sie hier noch einmal genauer unter die Lupe genommen.

Medikamente gegen Sodbrennen

Wenn dein Hund unter Sodbrennen leidet, dann kennst du wahrscheinlich auch die gängigen Medikamente dagegen. Vielleicht kennst du eines, vielleicht fast alle? In der Veterinärmedizin gibt es drei unterschiedliche Möglichkeiten, auf die Magensäure einzuwirken. Bei allen dreien handelt es sich um Säurehemmer.

PROTONENPUMPENHEMMER: Durch PPI (Protonenpumpeninhibitoren) lässt sich die stärkste Wirkung erzielen. Sie hemmen die Bildung von Magensäure und fungieren als Magenschutz. Sie können die Magensäure bis zu 90 Prozent reduzieren. Im Handel sind die Mittel beispielsweise unter den Namen Omeprazol® oder Pantoprazol® erhältlich. Da die Gruppe der Protonenpumpenhemmer eine lange Wirkdauer hat, werden sie bei Hunden gern eingesetzt. Diese Art der Säureblocker haben aber eine Besonderheit. Sie entfalten ihre Wirkung nicht direkt im Magen, sondern geben ihren Wirkstoff erst im Darm ab. Von dort wird der Wirkstoff ins Blut aufgenommen und im Körper verteilt. Das hat zur Folge, dass diese Medikamente einen direkt störenden Einfluss auf die Darmflora haben. Bei vielen Hunden kommt es nach der Einnahme zu Blähungen, Durchfall und Bauchschmerzen. Wie heißt es in dem Sprichwort: „Den Teufel mit dem Beelzebub austreiben." So kommt es mir zumindest vor.

HISTAMIN-H2-REZEPTOR-BLOCKER funktionieren auf ähnliche Weise wie die Protonenpumpenhemmer. Auch sie reduzieren schon im Vorfeld die Bildung der Magensäure. Sie hemmen die Ausschüttung der Magensäure

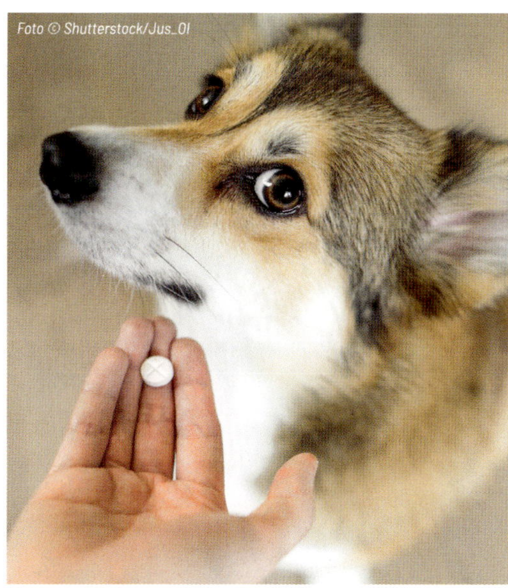
Foto © Shutterstock/Jus_Ol

In der Schulmedizin gibt es verschiedene Säureblocker.

um ca. 60 Prozent. Deshalb wirken sie nicht so stark wie die PPI. Außerdem setzt ihre Wirkung später ein. Zu den Rezeptorblockern gehört zum Beispiel das häufig eingesetzte Ranitidin® oder auch Cimitidin®.

ANTAZIDA ist die letzte Gruppe der Medikamente, die gängigerweise zur Magensäurereduzierung eingesetzt werden, im Handel sind sie beispielsweise unter dem Namen Maaloxan® oder Riopan®. Ihre Wirkung setzt sehr schnell ein, hält aber nicht lange an. Deshalb werden sie hauptsächlich dann eingesetzt, wenn das Sodbrennen nur selten auftritt.

Im Unterschied zu den anderen beiden Medikamentengruppen verhindern Antazida nicht die Bildung der Magensäure. Stattdessen neutralisieren die basischen Inhaltsstoffe der Antazida die schon vorhandene Säure im Magen. Das hat zur Folge, dass der pH-Wert im Magen ansteigt. Da diese Medikamente die Bildung der Magensäure nicht verhindern, versucht der Magen, weiterhin Säure zu produzieren. Jetzt sogar verstärkt, um den plötzlichen Abfall des Säuregehalts auszugleichen. Du erreichst also im schlimmsten Fall das Gegenteil von dem, was du eigentlich möchtest. Als Nebenwirkungen treten oft Blähungen und Aufstoßen auf.

Alle Säureblocker haben gemeinsam, dass du sie deinem Hund nicht über einen längeren Zeitraum geben darfst. Darin sind sich alle einig. Bei Menschen spricht man bei den meisten Magensäureblockern von einer Anwendungsdauer von maximal 7-14 Tagen. Dabei kommt es auf die Erkrankung und die Stärke der Medikamente an.

Bei den Nebenwirkungen herrscht allerdings nicht so große Einigkeit. Auch wenn Magensäureblocker immer wieder als gut verträglich angepriesen werden, bekommen sehr viele Hunde durch die Einnahme Magen-Darm-Probleme, häufig schon nach kurzer Anwendung. Außerdem verliert der Magen durch die reduzierte Magensäure seine Schutzfunktion für den Organismus. Ohne den hohen Säuregehalt im Magen können viele Keime und Bakterien, die der Hund von außen aufnimmt, die Reise durch den Verdauungskanal unbeschadet überstehen. Wenn sie den Weg bis in den Darm geschafft haben, können sie hier vieles durcheinanderbringen und auch Schaden anrichten.

Logischerweise wird mit der Reduzierung der Magensäure auch die Verdauungsleistung des Magens heruntergefahren. Das betrifft besonders die Proteinverdauung, die schon im Magen beginnt. Dies ist ein wesentlicher Grund dafür, solche Mittel nur im Notfall und so kurz wie möglich einzusetzen.

Diese Einschränkung gilt in gewissem Maße auch für Ulmenrinde, Heilerde und Leinsamenschleim. Sie haben zwar keine schädlichen Nebenwirkungen, verhindern aber bei Dauergabe die ausreichende Nährstoffaufnahme. Deshalb sind auch sie nur Mittel zum Zweck. Sie lassen sich aber sinnvoll einsetzen, wenn du deinem geplagten Hund schnell helfen musst.

Zeitgleich muss aber die Ursache für das Sodbrennen gefunden und abgestellt werden! Denn wie ich am Anfang dieses Kapitels schon geschrieben habe: Sodbrennen ist keine Erkrankung, sondern ein Symptom. Nur

WICHTIG ZU WISSEN

PPI und H2-Rezeptorblocker, also die beiden Varianten, die die Magensäurebildung verhindern, bitte nicht einfach absetzen. Der Magen reagiert nach dem Wegfall dieser Medikamente kurzzeitig mit einer verstärkten Magensäurebildung. Am besten über einen Zeitraum von vier Wochen langsam ausschleichen.

wenn du den Auslöser findest, kannst du verhindern, dass sich das Problem ständig verschlimmert bis hin zu Entzündungen der Schleimhäute in Speiseröhre und Magen.

Neben den Magensäurehemmern gibt es noch eine weitere Möglichkeit der Magenschonung: Sucralfate. Dieser Wirkstoff hemmt nicht die Magensäure, sondern verbindet sich mit den Proteinen der Magenschleimhaut und bildet eine gelartige Schutzschicht, die sich auf die Schleimhaut legt. Besonders bei einem sehr angegriffenen Magen oder wenn ein Hund die Magensäurehemmer nicht verträgt, ist Sucralfat oft das Mittel der Wahl.

Magenschleimhautentzündung – akut und chronisch

PRAXISBERICHT:

„Morgens rennt Hexe (eine süße Dackeldame von elf Jahren) am Futter vorbei, raus in den Garten und frisst ganz viel Gras. Danach geht sie zuerst an irgendeine Gießkanne oder an den Gartenteich und trinkt den halben Teich leer. Irgendwann kommt sie wieder rein und legt sich erst mal ins Körbchen und schläft bis zum späten Vormittag. Wenn sie sich ausgeschlafen hat, kommt sie zum Fressen. Wenn ich gewusst hätte, dass sie unter der Krankheit so leidet, wäre ich schon viel eher gekommen."

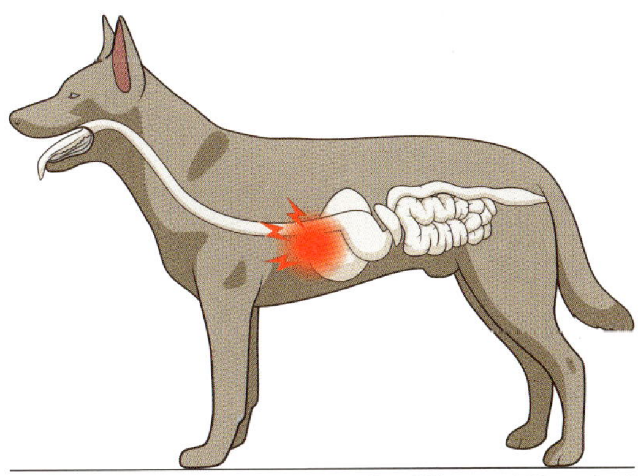

Foto © Shutterstock/Alexander_P

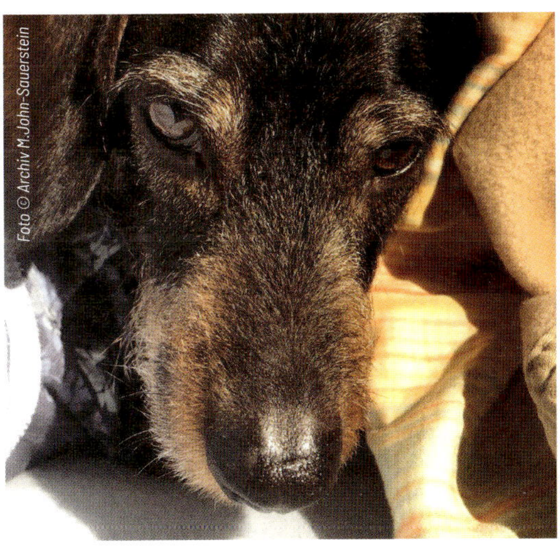

Foto © Archiv M.John-Sauerstein

Dackelhündin Hexe: von Gastritis gezeichnet

Eine Gastritis ist eine Entzündung der Magenschleimhaut. Viel mehr lässt sich dazu fast gar nicht sagen. Diese Erkrankung wird hauptsächlich dann diagnostiziert, wenn ein Hund immer wiederkehrende Magenprobleme hat. Grundlage einer solchen Diagnose sind normalerweise die auftretenden Symptome und Erfahrungswerte, weil wir in den Magen ja nicht so einfach hineinschauen können. Mit bildgebenden Verfahren, also Röntgen oder Ultraschall, kann man diese Diagnose natürlich auch und vor allem sicher erstellen. In den meisten Fällen reichen die Symptome allerdings als Grundlage aus.

Bei einer Gastritis kommt es durch Verletzungen der Magenschleimhaut oder durch zu viel Magensäure zu Schädigungen des Gewebes. Während des Verdauungsvorgangs wird von den Magenzellen nicht nur Magensäure abgegeben. Damit die empfindliche Magenschleimhaut vor der aggressiven Säure geschützt ist, wird gleichzeitig von weiteren Magenzellen ein Schleim abgegeben, der sich wie ein Schutzfilm über die Magenschleimhaut legt. So kann das Futter im Magen verdaut werden, ohne dass der Magen dabei selbst von der aggressiven Magensäure angegriffen wird.

Aus diesem Grund kommt auch das benötigte Verdauungsenzym Pepsin, zunächst als inaktive Vorstufe, als Pepsinogen, im Magen an. Erst dort wird es mithilfe des sauren Magensafts aktiviert und kann mit seiner Verdauungsarbeit beginnen. Bei einem Zuviel an Magensäure wird die Schutzschicht angegriffen. Zunächst entstehen oberflächliche, kleine Verletzungen. Je nach Auslöser und Dauer der Erkrankung kann es im Laufe der Zeit zu tieferen Entzündungen kommen. Im schlimmsten Fall entstehen Magengeschwüre oder – zwar selten – auch Magenkrebs. Zu solch schwerwiegenden Folgen kommt es nur dann, wenn die Symptome und Probleme über lange Zeit unbeachtet bleiben.

Was der eigentliche Auslöser der Überproduktion von Magensäure ist, kann leider nicht in jedem Fall geklärt werden. Es gibt aber einige Hauptverursacher, die wir später noch etwas genauer unter die Lupe nehmen werden.

Eine Gastritis kommt bei Menschen und Tieren gleichermaßen vor. Auch die Hauptauslöser sind bei beiden gleich: falsche Ernährung, lang andauernde Medikamentengaben und Stress. Und genauso wie bei Menschen unterscheiden wir auch bei Hunden zwei Formen der Gastritis: die akute und die chronische Gastritis.

Auffälliger Durst kann auf ein Magensäureproblem hindeuten.

Akute Gastritis

Eine akute Erkrankung tritt plötzlich auf. Es gibt einen Auslöser und Symptome, die in direktem Zusammenhang mit diesem Auslöser auftreten.

Bei einer akuten Gastritis ist das ebenfalls so, aber die Symptome sind leider nicht immer auffällig. Denn eine Magenschleimhautentzündung hat viele Gesichter. Manchmal entsteht so eine Entzündung akut und der Hund zeigt direkt Symptome. Bei vielen Hunden allerdings musst du genau hinschauen, damit du die feinen Anzeichen nicht übersiehst. Obwohl eine Gastritis eine ernst zu nehmende Erkrankung ist, sind ihre sichtbaren Symptome unspezifisch. Das ist wohl auch der Grund, warum diese Krankheit bei Hunden häufig erst spät erkannt oder sogar ganz übersehen wird.

Bei Hexe, die wir aus dem Praxisbericht kennen, fing es mit Appetitlosigkeit an. Sie ließ oft ihr Futter stehen, aber nicht jedes Mal. Deshalb hat sich ihr Frauchen zunächst keine weiteren Gedanken gemacht. Es hätte ja sein können, dass ihr das Futter einfach nicht mehr schmeckt. Vielleicht hat der Hersteller etwas an der Rezeptur geändert ... Wer weiß das schon? Aber auch nach einem Futterwechsel wurde es nicht wirklich besser. An einem Tag fraß sie mit Appetit und am nächsten Tag rührte sie das Futter nicht an. Dieses Spiel wiederholte sich jetzt schon seit ein paar Wochen. Als Hexe eines Tages noch anfing zu erbrechen, wurde ich um Rat gefragt. Im Gespräch mit mir und bei genauerem Überlegen wurde Hexes „Symptomeliste" merklich länger.

Das Problem bei diesen Erkrankungen ist, dass jedes einzelne Symptom für sich genommen unauffällig ist. Deshalb wird ihnen oft keine Beachtung geschenkt. Im Gegensatz zum „Pupsalarm" bei Problemen im Dickdarm, den man absolut nicht überriechen kann, fällt Schmatzen, Schlecken, Gähnen oder Schlucken oft nicht auf. Oder erst dann, wenn sich mehrere Symptome gleichzeitig zeigen.

Weil der Magen schmerzt, mögen viele Hunde nicht richtig fressen. Bei einigen fällt das besonders morgens auf. Während der langen Nacht hat sich Magensäure angesammelt, die sie jetzt erst mal loswerden wollen, bevor sie etwas fressen mögen.

Die meisten Hunde zeigen zu Beginn einer Gastritis die typischen Anzeichen von Sodbrennen. Sie schlucken häufig, obwohl sie gar nicht gefressen haben. Sie lecken sich oft übers Maul oder schmatzen immer mal wieder. Bei solchen Anzeichen solltest du immer hellhörig sein. Natürlich ist nicht jedes Schmatzen ein Zeichen für eine Magenschleimhautentzündung. Wenn sich allerdings die Symptome häufen, sind sie immer ein Hinweis auf eine Verdauungsstörung.

Die gesunde Denkhilfe

Ein super Hilfsmittel und eine tolle Gedächtnisstütze ist hierbei ein Futtertagebuch.

Auch wenn du ein gutes Gedächtnis hast und ganz sicher bist, dass du dir die einzelnen Vorkommnisse merken kannst, schreib es dir lieber auf. Du findest am Ende dieses Buchs eine Vorlage/einen Link für ein solches Futtertagebuch.

Dort kannst du nicht nur eintragen, wann und was dein Hund zu fressen bekommt. Sondern auch, wann er zum Beispiel schmatzt oder schluckt oder andere ungewöhnliche Anzeichen zeigt. Diese Notizen sind bei der Suche nach der Ursache unbezahlbar.

Ich schreibe das nicht, um dich zu beschäftigen. Sondern weil ich weiß, wie schwierig es im Alltag ist, sich solche Kleinigkeiten zu merken. Besonders schwierig ist es dann, wenn es deinem Hund nicht gut geht und du dir Sorgen machst. Glaub mir, wenn du dich dran gewöhnt hast, wird dir die gesunde Denkhilfe eine sinnvolle Unterstützung sein. Eine akute Gastritis zeigt sich bei jedem Hund anders, deshalb ist immer ganz besonders deine Aufmerksamkeit als Hundebesitzer gefragt. Kommen mehrere der ange-

WICHTIG ZU WISSEN

Häufige Auslöser einer akuten Gastritis sind:

- ungeeignetes Futter
- Stress
- mitgefressene Fremdkörper
- Unverträglichkeiten
- dauerhafte Arzneimittelgabe (besonders NSAID/NSAR, also Mittel mit entzündungshemmender, schmerzstillender oder fiebersenkender Wirkung)
- im Winter: Schnee (Schneegastritis)

Foto © Shutterstock/Phuttarak

Typische Symptome einer akuten Gastritis:

- Appetitlosigkeit
- Der Hund wirkt lustlos
- Auffälliges Grasfressen
- Schmatzen, Schlecken, Gähnen
- Mundgeruch
- Erbrechen, wiederkehrend
- Schmerzen im Bauchraum
- Gewichtsverlust

Du findest hier kein Symptom, das so auffällig ist, dass dich die Diagnose „Gastritis" direkt anspringt.

WICHTIG ZU WISSEN

„Die durch eine Adoption extrem veränderten Lebensbedingungen verursachen bei Hunden aus dem (Auslands-)Tierschutz häufig stressbedingte Magenschleimhautentzündungen."

sprochenen Symptome zusammen, solltest du auf jeden Fall reagieren, denn die meisten Hunde neigen dazu, ihre Schmerzen zu „verstecken".

Chronische Gastritis

Von einer chronischen Gastritis spricht man dann, wenn sich die Beschwerden auch mit medikamentöser Behandlung nach zwei bis drei Wochen nicht gebessert haben.

Eines der häufigsten Symptome einer chronischen Magenschleimhautentzündung ist das Erbrechen. Die Abstände können dabei unterschiedlich sein und reichen von ein- bis zweimal pro Woche bis hin zu mehrmals täglich. Bei einer chronischen Gastritis ist es außerordentlich wichtig herauszufinden, ob der Gastritis eine schwererwiegende Erkrankung als Auslöser (z. B. als Folge von Futtermittelunverträglichkeiten, Leber- oder Nierenerkrankungen, Pankreatitis) zugrunde liegt. In so einem Fall muss die ursächliche Erkrankung primär behandelt werden.

Auch eine Infektion mit Helicobacter Pylori – die Symptome sind dieselben wie bei Sodbrennen und/oder Gastritis – kann eine Magenschleimhautentzündung auslösen. In der Schulmedizin werden Helicobacter-Infektionen selten behandelt, weil man weiß, dass auch gesunde Hunde Helicobacter-Bakterien im Magen mit sich herumtragen. Meine Erfahrung ist, dass ein bestätigter Helicobacter-Gehalt im Magen bei Gastritissymptomen behandlungsbedürftig ist. Den Hunden geht es danach ausnahmslos besser. Wenn sich durch keine andere Therapie eine Besserung einstellt, ist es auf jeden Fall sinnvoll, deinen Hund auf Helicobacter Pylori untersuchen zu lassen. Ein bestätigter Helicobacter-Befall, ohne dass dein Hund Magensymptome zeigt, muss dich dagegen nicht beunruhigen. Denn, wie gesagt, dieses Bakterium kommt auch bei gesunden Hunden vor.

Im Humanbereich wird die chronische Gastritis in verschiedene Formen unterteilt, je nach Auslöser. Im Veterinärbereich macht man das nicht. Trotzdem ist es interessant, das zu wissen:

- **TYP A** - Autoimmunerkrankung, die nur selten vorkommt.
- **TYP B** - Helicobacter-Pylori-Gastritis (im Humanbereich geht man davon aus, dass 60-70 Prozent der chronischen Entzündungen durch dieses kleine Bakterium hervorgerufen werden!)
- **TYP C** - Chemisch bedingte Gastritis (ausgelöst durch lang andauernde Medikamenteneinnahme)

Neben diesen drei Typen gibt es auch seltene Sonderformen, zum Beispiel die „Crohn-Gastritis", wenn Morbus Crohn beziehungsweise IBD (siehe Seite 57) beim Hund sich auf den Magen ausweitet.

Um weitergehende Veränderungen im Magen zu erkennen, eignet sich eine Ultraschalluntersuchung oder Magenspiegelung.

Das Problem mit der Magensäure

Bevor wir uns weiter mit der Gastritis und der damit einhergehenden speziellen Fütterung beschäftigen, mache ich einen kurzen Zwischenstopp beim Thema Magensäure.
Sowohl zu viel als auch zu wenig Magensäure kann einem Hund das Leben schwer machen. Das Problem ist, dass ein Hund bei beiden Versionen fast identische Symptome zeigt. Ein klassisches Merkmal, das auch bei fehlender Magensäure auftritt, ist Sodbrennen. Über den Zusammenhang von Sodbrennen und zu viel Magensäure habe ich schon ausführlich geschrieben. Sodbrennen kann allerdings auch auftreten, wenn das Tier nicht genügend Magensäure hat.

Was passiert, wenn nicht genügend Magensäure vorhanden ist? Das im Magen angekommene Futter kann nicht ausrei-

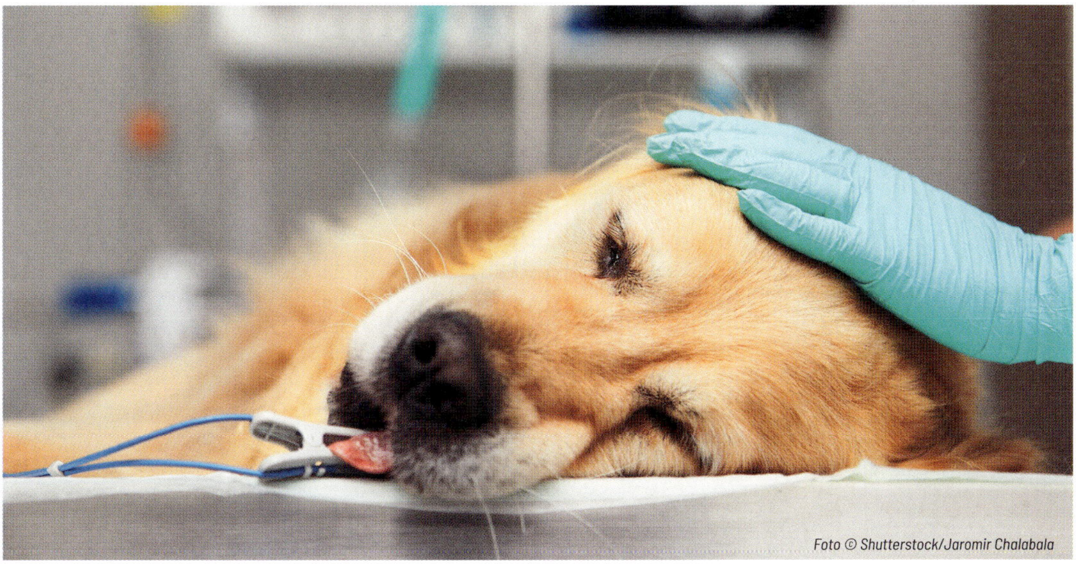

Foto © Shutterstock/Jaromir Chalabala

Eine unbehandelte Gastritis greift den Magen an.

chend vorverdaut werden. Das wiederum hat zwei Folgen:

1. Weil das Futter länger im Magen liegen bleibt, um vielleicht doch noch den nötigen Vorverdauungsprozess zu durchlaufen, beginnt das Futter zu gären. Diese Gärung bewirkt, dass Gase aufsteigen, die sich dann ihren Weg nach draußen suchen. Der kürzeste Weg ist über die Speiseröhre. Und da wenig Magensäure nicht heißt, dass gar kein Magensaft vorhanden ist, kann bei diesem „Aufstoßen" auch immer Magensäure oder Futter, vermischt mit Magensäure, in die Speiseröhre gelangen.

2. Trotz der schlechten Vorverdauung kann der Futterbrei ja nicht im Magen bleiben, sondern muss irgendwann weiterwandern in den Dünndarm. Hier ist aber niemand darauf eingestellt, dass schlecht vorbereitetes Material ankommt. Die Verdauungszeit im Dünndarm ist sehr kurz. Und in dieser kurzen Zeit müssen alle Nährstoffe aus dem Futter heraussortiert werden. Das funktioniert in der Kürze der Zeit nur, wenn der Magen seine Aufgabe vorher ordentlich erledigt hat.

Wir haben also bei einem Mangel an Magensäure wieder ein Problem, das sich vom Magen in den Dünndarm verschiebt. Der Dünndarm hat aber nicht nur das Problem der schlechten Vorverdauung.

Der höhere pH-Wert des Mageninhalts hat auch Einfluss auf die Bereitstellung der Verdauungsenzyme. Das Signal zur Ausschüttung wird durch ein Hormon im Dünndarm gegeben. Auslöser hierfür ist der – normalerweise niedrige – pH-Wert des Futterbreis. Auch dadurch kann der weitere Verdauungsprozess massiv gestört werden.

Wenn bei einem Kotflora-Screen ein hoher pH-Wert gemessen wird, ohne dass es dafür erkennbare Ursachen gibt, kann das ein Hinweis auf einen Magensäuremangel sein.

Eine wirkliche Diagnose bekommst du, wenn bei einer Magenspiegelung viel vernarbtes Magenwandgewebe gefunden wird. Diese Vernarbungen können zum Beispiel durch ständige Entzündungen der Magenschleimhaut entstehen. Beim Abheilen solcher Entzündungen bildet sich Bindegewebe, das nicht mehr über die Funktionsmöglichkeiten des bisherigen Magengewebes verfügt. Dementsprechend wird weniger Magensäure produziert.

Zu viel oder zu wenig Magensäure – das sind die Unterschiede

- Ein Hund, der über einen **längeren Zeitraum Medikamente zum Magenschutz** bekommen hat, leidet in den meisten Fällen unter zu wenig Magensäure. Das, was eigentlich gegen Sodbrennen oder Gastritis helfen soll, schafft häufig genau die Probleme, die es behandeln soll. Das Medikament setzt also die Verdauungsleistung des Magens so weit herunter, dass sie nicht mehr ausreicht.
- Hunde, die ihr Futter **sehr kurz nach dem Fressen wieder erbrechen**, haben oft zu wenig Magensäure. Das Futter wird dann völlig unverdaut wieder hinausbefördert.
- **Wenn ein Hund alt wird, geht die Bildung der Magensäure zurück.** Deshalb ist es unter anderem wichtig, ältere Hunde mit sehr hochwertigem, leicht verdaulichem Futter zu versorgen.

Eine Gastritis schlägt sich aufs Gesamtbefinden des Hundes nieder.

Aber auch ohne Magenspiegelung ist es wichtig, die Frage nach zu viel oder zu wenig Magensäure zu beantworten. Denn diese Antwort gibt vor, welche Unterstützungen beziehungsweise Nahrungsergänzungen dein Hund bekommen darf.

Bei einem Magensäuremangel ist es auf jeden Fall sinnvoll, die Verdauung mit Bitterstoffen anzuregen. Bei einem Magensäure-Überschuss sind Bitterstoffe dagegen ein absolutes No-Go, weil sie die Bildung der Magensäure zusätzlich anregen. Dazu mehr im nächsten Kapitel.

Gastritis und die Fütterung

Das Wichtigste für einen von Gastritis geplagten Hund ist die hohe Verdaulichkeit seines Futters. Der Magen muss so viel Entlastung wie möglich haben. Daneben muss auf Futtermittel verzichtet werden, die die Magensäureproduktion verstärkt anregen. Die folgenden Punkte helfen dir, deine Fütterung besser einzuschätzen. Eine gute Möglichkeit, die direkten Auswirkungen von Fressen und Leckerlis zu beobachten, ist das Führen eines Futtertagebuchs (siehe Seite 27). Ich weiß, dass das mit etwas Aufwand verbunden ist, aber eine Woche reicht in den meisten Fällen schon aus. Normalerweise hast du dann einen Überblick, der dir weiterhilft.

- Überprüfe deine derzeitige Fütterung auf stark bindegewebshaltige Bestandteile. Dazu gehören zum Beispiel Lunge, Euter und Pansen. Aber auch Rinderhautknochen oder ähnliche Kauartikel sind schwer verdaulich. Hast du ein Hundefutter, in dem diese Bestandteile weit vorn in der Deklaration auftauchen? In diesem Fall empfehle ich dir den Wechsel auf ein anderes Futter.

- Ein hoher Fettgehalt im Hundefutter fördert die Magensäureproduktion. Gleichzeitig ist Fett aber der Hauptenergielieferant unserer Hunde und ein wichtiger Baustein in der Fütterung. Deshalb ist es nicht so einfach mit dem Futterwechsel. Ein Hund, der nicht krankheitsbedingt fettarm ernährt werden muss, kann ohne Weiteres einen Fettgehalt von 10–15 Prozent in der Gesamtration vertragen. Bei dieser Berechnung müssen auch alle Leckerlis, Kauknochen und sonstige Naschereien mit eingerechnet werden. Denn auch hier geht es nicht nur um das Futter an sich. Weil Fett so wichtig für den Hund ist, solltest du dich beraten lassen, bevor du das Fett reduzierst.

- Manche Hunde reagieren stark auf säurehaltiges Obst. Kiwis, Ananas oder Ähnliches solltest du deinem Hund nicht füttern, wenn du das Gefühl hast, dass er Magensäureprobleme hat. Das gilt auch für nicht ganz reifes Obst. Unreife Äpfel oder Birnen enthalten mehr Säure als reife Früchte und können Beschwerden verursachen, auch wenn dein Hund normalerweise beides verträgt.

- Im Kapitel über die Magensäure habe ich zum Schluss kurz die Bitterstoffe erwähnt (siehe Seite 30). Sie regen die Verdauung an und stimulieren die Magensäureproduktion. Eigentlich sehr sinnvoll, aber bei einer Gastritis kontraproduktiv. Denn noch mehr Magensäure wollen wir ja auf keinen Fall. Bitterstoffe sind aber nicht nur in verdauungsfördernden Nahrungsergänzungen sowie vielen Kräutermischungen zu finden.

- Wenn du deinen Hund mit Rohfütterung ernährst, hilfst du ihm bei einer akuten Gastritis durch eine vorübergehende Fütterung mit gegarten Rationen. Durch das Garen verändern sich die Proteine im Fleisch und können leichter aufgeschlossen werden. Das verschafft dem Magen Entlastung bei seiner Verdauungsarbeit. Wird dein Hund gebarft, kann auch ein Wechsel von gewolftem auf stückiges Fleisch (in manchen Fällen auch umgekehrt) die Verdauung erleichtern. Manche Hunde kommen mit der gut gemeinten gewolften Fütterung nicht zurecht. Bei anderen sind es die größeren Stücke, die den Magen überfordern.

- Reis, das Schonkost-Kohlenhydrat Nummer eins, wird nicht von jedem Hund vertragen. Das kann daran liegen, dass Reis bei der Verdauung eher säurebildend

Süßkartoffel oder Reis? Anders als bei uns Menschen vertragen viele Hunde Ersteres besser.

Fotos © Shutterstock/ JIANG HONGYAN (Reis) Africa Studio (Süßkartoffel) ist. Bei manchen Hunden überlagert das die positive Wirkung von Reis, nämlich die schnelle, leichte Verdauung und die Schleimbildung. Wenn du das Gefühl hast, dein Hund verträgt die Schonkost nicht, dann ist es zumindest einen Versuch wert, den Reis auszutauschen. Vielleicht bekommen ihm Kartoffeln oder Süßkartoffeln besser.

- Rohes Eiweiß hemmt die Proteinverdauung im Magen. Ein gesunder Hund hat mit einem rohen Eiweiß in der Woche sicher kein Problem. Bei einem Hund, der sowieso schon Magen- und/oder Darmprobleme hat, solltest du es weglassen oder kochen.

Praktische Tipps zur Fütterung

Last, but not least möchte ich noch drei Hinweise mitgeben, die die Fütterung selbst betreffen:

- Die Portionen lieber kleiner machen und dafür mehrmals am Tag füttern.
- Achte darauf, dass das Futter nicht direkt aus dem Kühlschrank kommt. Wenn du eine Dose mit angebrochenem Nassfutter im Kühlschrank stehen hast oder dein Rohfutter im Kühlschrank aufgetaut ist, achte darauf, dass es sich bis zur Fütterung auf Zimmertemperatur erwärmt hat.
- Regelmäßige Fütterung kann kontraproduktiv sein, denn ein Hund, der immer zur selben Zeit gefüttert wird, weiß das irgendwann ganz genau. Er sitzt dann nicht nur zur richtigen Zeit vor der Küchentür, sondern sein Magen fängt zu diesem Zeitpunkt schon an, Magensäure zu produzieren – Magensäure, die im noch leeren Magen keine Aufgabe zu übernehmen hat und deshalb eventuell die Magenwand angreift. Wenn du einen Hund mit Magenproblemen hast, der dir regelmäßig Bescheid gibt, wenn die Fütterungszeit naht, kann diese innere Uhr ein zusätzlicher Auslöser für seine Beschwerden sein. Vielleicht ist es dir möglich, die Fütterungszeiten zu verändern und die Regelmäßigkeit herauszunehmen. Ich weiß, dass das schwierig ist, wenn du berufstätig bist und zu bestimmten Zeiten aus dem Haus musst. Aber vielleicht lässt sich ja doch eine Lösung finden. Und bitte von dieser Praxis nicht gleich wieder abweichen, wenn sich nicht sofort eine Verbesserung zeigt. Eine Veränderung braucht immer Zeit.

Das waren jetzt viele Punkte, die du bei der Fütterung deines Hundes beachten kannst. Sicher sind nicht alle Punkte für deinen Hund wichtig.

Achte darauf, was auf deine Fütterung passt und ob du die ein oder andere Schraube findest, an der du drehen kannst. Manchmal kann man mit kleinen Veränderungen schon einiges verbessern. Daran, dass dein Hund sich wohler fühlt, erkennst du, dass du auf dem richtigen Weg bist.

WICHTIG ZU WISSEN

Diese Kräuter enthalten Bitterstoffe:

- Löwenzahn
- Scharfgarbe
- Pfefferminze
- Ingwer
- Mariendistel
- Wegwarte
- Teufelskralle
- Enzian
- Wermut/Beifuß
- Radicchio

Dalmatiner Olly hat seine Licky Fits gut überstanden.

Licky Fits – gefürchtete Leckanfälle

Mit dem Begriff Licky Fits ist das hektische, absolut gestresste, fast zwanghafte Belecken von allem, was möglich ist, gemeint. Vielleicht hast du das bei deinem Hund auch schon erlebt und weißt, wie hilflos man daneben steht. Bei so einem Anfall versucht der Hund sich Erleichterung zu verschaffen, indem er alles ableckt: Körbchen, Decke, Sofa, Fußboden, Küchenschrank, Türen, Wände ... einfach alles. Der Hund ist dabei völlig gestresst, fast panisch.

Wenn das Ablecken nicht ausreicht, fressen die Hunde alles, was ihnen vor die Schnauze kommt. Immer in der Hoffnung, dass es so Linderung der beißenden Magenschmerzen gibt. Dadurch besteht die zusätzliche Gefahr, dass die Hunde in dieser Situation auch Fremdkörper aufnehmen, die gesundheitsschädigend sein können. Deshalb darf man einen Hund in diesem Zustand auf keinen Fall allein lassen.

Es gibt noch weitere Hinweise oder Vorboten der ganz schlimmen Leckanfälle. Dazu gehört:

- Starkes Speicheln
- Ständiges Schlucken, wobei sehr viel Luft in den Magen gelangt
- Würgen
- Den Hals lang nach vorn strecken
- Sehr hektisch Gras fressen
- Starke Unruhe bis hin zur Panik

Der Unterschied zum „normalen Sodbrennen" liegt in der Unruhe, dem Stress bis hin zur Panik, die der Hund zeigt.

Wodurch werden Licky Fits ausgelöst?

Wie bei allem, was ich in diesem Buch beschreibe, gibt es auch hier wieder unterschiedliche Auslöser. Eigentlich kennen wir sie schon alle, wichtig ist aber, den richtigen Zusammenhang herzustellen.

Bei den Licky Fits haben wir als einen Auslöser wieder das Problem mit der Magensäure. Auch die Leckanfälle können sowohl

PRAXISBERICHT

Der schlimmste Fall, den ich in meiner Praxis erlebt habe, war der Dalmatiner-Rüde Olly, der auf der Fahrt in die Tierklinik seine komplette Leine aufgefressen hat. Der größte Teil konnte in der Klinik durch ausgelöstes Erbrechen wieder herausgeholt werden. Der Rest kam im Laufe der nächsten Tage mithilfe von Sauerkraut wieder ans Tageslicht. Auch bei Olly fing es damit an, dass er ständig alles abgeleckt hat, auch seine Hundekumpel. Je häufiger diese Anfälle wurden, umso weniger ließ er sich davon ablenken. Dieses „Sich-nicht-abbringen-Lassen" ist ein wichtiger Hinweis auf Licky Fits.

durch zu viel als auch zu wenig Magensäure ausgelöst werden. Daneben können Futtermittelallergien oder Unverträglichkeiten die Verursacher sein. Wenn du das vermutest, ist eine Ausschlussdiät ein wichtiger Schritt. Weitere mögliche Auslöser sind regelmäßige Medikamentengaben (Cortison und/oder Schmerzmittel) sowie Dauerstress, weil Stress die Verdauungsleistung herunterfährt.

Daneben können Darmentzündungen und Bauchspeicheldrüsenprobleme Licky Fits verursachen. Alles, was im Darm zu einer Fehlverdauung führt, kann sich nach vorn in den Magen auswirken. Licky Fits sind, genau wie Sodbrennen, keine eigenständige Krankheit. Sie sind ein extremes Symptom, eine sehr heftige Reaktion auf etwas, das irgendwo im Verdauungsapparat aus den Fugen geraten ist.

Ein wichtiger Punkt, weshalb die Leckanfälle und vor allem ihre Häufigkeit auf jeden Fall Beachtung erfordern, ist die Gefahr einer Magendrehung. Der Grund dafür liegt vermutlich im hektischen Luftschlucken und dem extremen Stress, unter dem der Hund steht.

Mögliche Hilfe bei Licky Fits

Das Wichtigste ist auch hier, den Auslöser herauszufinden. Gleichzeitig müssen so schnell wie möglich die akuten Schmerzen gelindert werden. Eine gute Möglichkeit ist hier die Gabe von Heilerde. Mit etwas Joghurt angerührt, kannst du sie vor und zwischen den Mahlzeiten geben. Das lindert die Symptome meistens deutlich.

Sehr gute Erfahrung habe ich bei meinen Patienten mit der Fütterung von Leinsamenschleim (Rezept auf Seite 87) gemacht. Leinsamenschleim ist der Magenschleimhaut ähnlich und legt sich wie ein schützender Film an die Magenwand. Sowohl Leinsamenschleim als auch Heilerde sind allerdings nicht als Dauergabe gedacht. Sie beeinflussen die Nährstoffaufnahme und sind deshalb nur eine kurzfristige Akuthilfe. In dieser Zeit kannst du mit Hochdruck nach dem Verursacher suchen.

Licky Fits und die Fütterung

Bei den Leckanfällen ist die Anpassung der Fütterung vom gefundenen Auslöser der Probleme abhängig. Wenn du sicher bist, dass die Magensäure das Problem ist, findest du ab Seite 16 Ansatzpunkte, die dir helfen, deine Fütterung zu überprüfen.

Hexe hat nach dem Fressen die Küchenschränke abgeleckt. Auch das sind Licky Fits.

Wenn die Bauchspeicheldrüse schwächelt

Die Bauchspeicheldrüse ist ein kleines Organ, das direkt am Übergang vom Magen zum Dünndarm sitzt und deinem Hund erheblich zu schaffen machen kann. Sie hat im Organismus unterschiedliche Funktionen. Ich werde mich hier auf ihre Arbeit als Herstellerin der Verdauungsenzyme beschränken. Ohne diese Enzyme geht nämlich im Verdauungsapparat gar nichts. Ohne Enzyme kann das Futter nicht verwertet werden und die Nahrung verlässt den Hund mehr oder weniger unverdaut. Das bedeutet auch, dass dem Futter keine Nährstoffe entzogen werden können ... Die Bauchspeicheldrüse ist also extrem wichtig.

Es gibt zwei Pankreaserkrankungen, die direkt mit der Verdauungsleistung deines Hundes zusammenhängen.

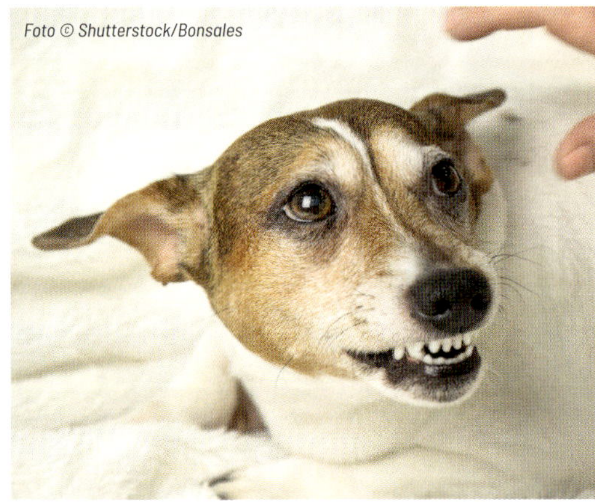

Foto © Shutterstock/Bonsales

Hunde mit Pankreatitis möchten oft nicht angefasst werden.

Pankreatitis

Eine Pankreatitis ist eine Entzündung der Bauchspeicheldrüse, die sehr schmerzhaft und sehr gefährlich sein kann.

Im Pankreas werden die Verdauungsenzyme hergestellt und je nach Bedarf in den Dünndarm abgegeben. Diese Enzyme sind erst „arbeitsfähig", wenn sie im Dünndarm angekommen sind. Solange sie sich noch in der Bauchspeicheldrüse befinden, sind sie inaktiv. Wie Feuerwehrleute im Feuerwehrauto auf dem Weg zum Einsatz. Sie können auf der Fahrt zum Einsatzort auch nicht schon den Wasserschlauch aufdrehen. Bei der Bauchspeicheldrüse ist das deshalb so wichtig, weil sie sonst selbst ein Verdauungsopfer der Enzyme werden würde. Die Enzyme machen nämlich keinen Unterschied zwischen aufgenommenen Nahrungsmitteln und körpereigenen Organen. Sie erledigen einfach ihre Arbeit und zerlegen alles, was ihnen in den Weg kommt, in seine kleinsten Bestandteile, damit es vom Organismus aufgenommen werden kann.

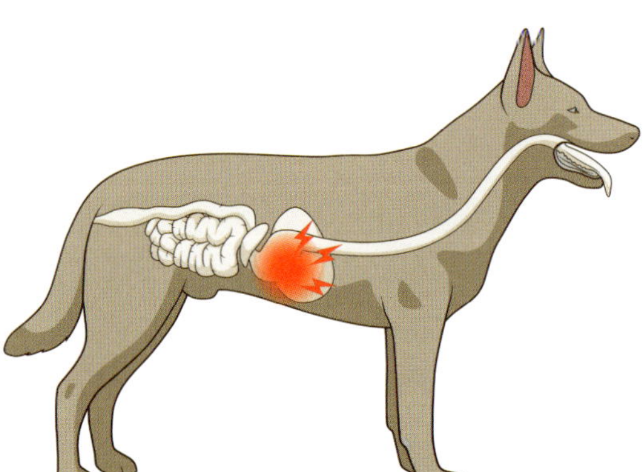

Foto © Shutterstock/Alexander_P

Symptome einer akuten Pankreatitis sind Erbrechen, Durchfall, starke Bauchschmerzen, Appetitlosigkeit und Apathie. Hunde mit einer akuten Pankreatitis zeigen bei einem schweren Verlauf ihre Schmerzen häufig durch die „Gebetshaltung" (vorn tief, hinten hoch).

Eine akute, schwere Pankreatitis ist immer ein Fall für den Tierarzt!

Mögliche Auslöser einer Bauchspeicheldrüsenentzündung:

- Zu viel Fett in der Ernährung. Bei empfindlichen Hunden kann schon eine einmalige sehr fettreiche Fütterung ausreichen, zum Beispiel die Reste der Weihnachtsgans.
- Übergewicht
- Dauerhafte Arzneimittelgaben
- Operationen im Darm-/Pankreasbereich
- Stoßverletzungen im Pankreasbereich
- Leber- oder Darmentzündungen, die auf die Bauchspeicheldrüse übergehen

Rassedisposition:

Boxer, Cocker Spaniel, Cavalier King Charles Spaniel, Collies, Yorkshire Terrier

Es gibt verschiedene Auslöser für Bauchspeicheldrüsenentzündungen, in vielen Fällen bleibt die Ursache unklar. In der Medizin nennt sich das dann: idiopathische (ohne erkennbare Ursache) Pankreatitis.

Chronische Pankreatitis

Das Schwierige bei der Bauchspeicheldrüsenentzündung ist, dass milde Verläufe oft nicht erkennbar sind und deshalb unent-

Foto © Shutterstock/marketlan

Bei einer akuten Bauchspeicheldrüsenentzündung braucht der Hund Schmerzmittel: Oft ist es notwendig, diese über Infusionen zu verabreichen.

deckt bleiben. Wenn diese milden Verläufe immer wieder auftreten, sprechen wir von einer chronischen Pankreatitis. Die ständigen, leichten oder auch schwereren Entzündungen der Bauchspeicheldrüse beschädigen dabei immer wieder das Pankreasgewebe. Die entzündeten Stellen heilen zwar wieder ab, aber der Organismus ersetzt das Pankreasgewebe an dieser Stelle durch Bindegewebe. Dieses Bindegewebe „flickt zwar die Löcher", kann aber keinerlei Pankreasfunktionen übernehmen. Je weniger gesundes Bauchspeicheldrüsengewebe vorhanden ist, umso weniger Verdauungsenzyme können vom Organ gebildet werden. Ohne eine ausreichende Menge an Enzymen ist die Verdauung nicht gewährleistet. Dieses Krankheitsbild, die exokrine Pankreasinsuffizienz, haben wir bei den Magen-Darm-Erkrankungen sehr häufig, und zwar sowohl als Auslöser wie als Folgeerscheinung.

Exokrine Pankreasinsuffizienz

Die Folge einer exokrinen Bauchspeicheldrüseninsuffizienz (kurz: EPI) ist ein Mangel an Verdauungsenzymen. Durch die fehlenden Enzyme kommt es zu Verdauungsstörungen und in der Folge zu einem Mangel in der Nährstoffversorgung des Hundes. Auslöser kann, wie oben beschrieben, eine chronische Pankreatitis sein. Viel häufiger sehe ich aber Hunde, bei denen der Verursacher dieses Problems eine Darmentzündung ist. Die Entstehung kann man sich folgendermaßen vorstellen:

Die Bauchspeicheldrüse gibt ihre Enzyme nicht permanent in den Darm ab, sondern nur, wenn sie ein entsprechendes Signal aus dem Darm erhält. Wie ein Lokführer, der losfährt, wenn das Signal auf Grün umspringt. Der Lokführer erhält sein Signal aus der Zentrale. Wenn der zuständige Mitarbeiter nicht an seinem Platz sitzt, kann der Zug nicht weiterfahren, weil die Anweisung nicht kommt. Genauso ist es mit der Zusammenarbeit von Bauchspeicheldrüse und Dünndarmschleimhaut. In der Schleimhaut werden die Stoffe gebildet, die der Bauchspeicheldrüse das Signal zur Enzymabgabe übermitteln. Wenn der Darm entzündet und die Darmschleimhaut in einem schlechten Zustand ist, können diese Signalgeber nicht ausreichend gebildet werden. Die Bauchspeicheldrüse bekommt dann nicht die richtige Anweisung und gibt dementsprechend auch nur wenig bis gar keine Enzyme ab.

In diesem Fall ist die Bauchspeicheldrüse gar nicht das Problem. Sie macht ja das, was sie soll. Trotzdem ist die Verdauung durch die fehlenden Enzyme stark gestört.

PRAXISBEISPIEL

Golden-Retriever-Hündin Smilla wirkt seit einiger Zeit nicht mehr richtig fit. Außerdem ist ihrer Besitzerin aufgefallen, dass sie ständig Hunger hat und viel frisst, aber kaum ihr Gewicht halten kann. Das sind aber auch schon alle Anzeichen, die wir äußerlich feststellen konnten.

Wir haben eine umfangreiche Kotuntersuchung in Auftrag gegeben, um der Sache auf den Grund zu gehen. Obwohl Smillas Verdauung nicht auffällig war, war durch den Kotbefund eine erhebliche Bauchspeicheldrüsenschwäche und eine Entzündung der Darmschleimhaut erkennbar. Eine vorübergehende Unterstützung durch Enzyme und eine gleichzeitige Schleimhauttherapie brachten den Elastasewert innerhalb von zwei Monaten wieder in den Normalbereich. Oft dauert das wesentlich länger, aber für Smilla und ihr Frauchen habe ich mich natürlich sehr gefreut.

Diesen Ablauf erleben wir bei den Magen-Darm-Erkrankungen oft.

Zum Glück lässt sich dieses Problem recht unkompliziert lösen. Die fehlenden Enzyme, die normalerweise von der Bauchspeicheldrüse gebildet werden, können und müssen zugefüttert werden. Das geht einfach und hilft in den meisten Fällen schnell. Du brauchst dir keine Gedanken machen, dass die zugegebenen Enzyme Einfluss auf die Bauchspeicheldrüse haben könnten. Haben sie nicht! Die Bauchspeicheldrüse stellt deshalb die eigene Enzymbildung nicht ein.

Und wenn du deinem Hund Enzyme zufütterst, müssen sie vor einer Kontrollkotuntersuchung nicht abgesetzt werden. Sie werden nicht mitgemessen.

Symptome für fehlende Bauchspeicheldrüsenenzyme

- Ständiger Hunger
- Gewichtsabnahme trotz großer Futtermenge
- Häufiger Kotabsatz
- Große Häufchen
- Kot oft relativ hell, manchmal schleimig

Wenn dir die beschriebenen Symptome auffallen, rate ich dir zu einer Kotuntersuchung. Um eine Bauchspeicheldrüseninsuffizienz zu diagnostizieren, wird die „canine pankreatische Elastase" im Kot gemessen. Elastase ist ein Enzym, das von der Bauchspeicheldrüse gebildet und in den Dünndarm abgegeben wird. Dieses Enzym wandert normalerweise unbehelligt durch den Darm und ist im Kot ein wichtiger Hinweisgeber auf eine eventuelle EPI. Denn wenn nur unzureichend Enzyme ausgeschüttet werden, reduziert sich auch die Menge der Elastase.

Häufig erlebe ich, dass auf der Grundlage eines Blutbilds eine Bauchspeicheldrüseninsuffizienz ausgeschlossen wird. Im Blut lässt sich erkennen, ob die Bauchspeicheldrüse theoretisch in der Lage ist, Enzyme zu bilden. Ob sie das auch tatsächlich macht, erkennst du nur an der Elastase im Kot. Und du weißt jetzt, dass der Darm da auch noch ein Wörtchen mitzureden hat.

Foto © Shutterstock/MashaSay

Ein Hund, der trotz großer Futtermenge nicht satt wird, leidet vielleicht unter einer Bauchspeicheldrüsenschwäche.

2...

Problemzone Darm

Was passiert im Darm eigentlich genau? Mit dieser Frage haben wir uns zu Beginn schon beschäftigt, aber jetzt geht es noch ein wenig tiefer hinein in dieses Thema.

Foto © Shutterstock/Ostseefotograf

Ein gesunder Hund darf gerne Knochen kauen – auch wenn sie schwer verdaulich sind.

Auch wenn es dir vielleicht etwas uninteressant erscheint und du diesen Teil des Buches gern auslassen möchtest, bitte ich dich weiterzulesen. Denn jetzt wird es spannend. Dieser Teil des Buches zeigt den Zusammenhang zwischen den Magen-Darm-Erkrankungen und dem Zustand des Darms. Beides ist zwingend miteinander verbunden, wird aber selten gleichzeitig oder zumindest zeitnah behandelt. Bei vielen Hunden werden aus akuten Erkrankungen chronische Entzündungen, weil der Zusammenhang von Darmgesundheit und -erkrankung immer noch stiefkindlich behandelt wird. Der Darm wird, wenn überhaupt, nur nebenbei, im Blindflug, mitbehandelt. Um das besser zu erklären, muss ich etwas ausholen.

Der Darm ist eigentlich ein langer Schlauch, der vorn im Maul unseres Hundes anfängt und am After endet. Dieser Schlauch geht einmal durch den Hund, verändert dabei zwischendurch etwas seine Form und bekommt abschnittsweise eigene Namen.

Alles, was durch den Darm wandert, wird über das Maul aufgenommen und kommt von außen. Deshalb ist der Darm die größte Kontaktfläche nach außen, obwohl er sich eigentlich im Inneren befindet. Vor allem das Futter kommt vorne rein und verlässt den Hund nach vielen Stunden als Kothäufchen wieder.

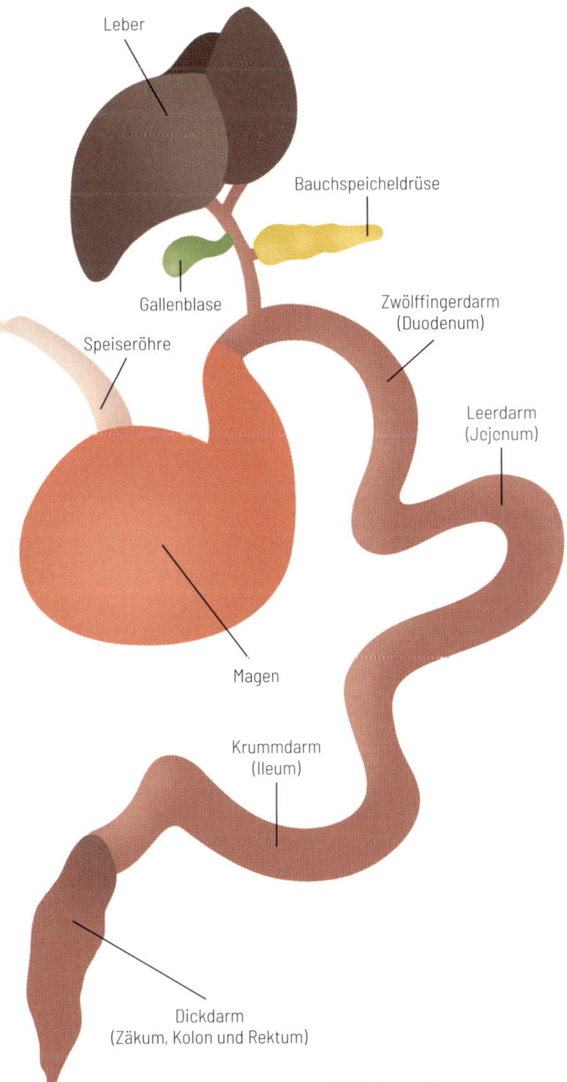

Illustration © L. Hahsler nach Skizzen von M. John-Sauerstein

Der Darm von Anfang bis Ende

Der Darm teilt sich in mehrere Bereiche: Der „Fressbereich" nennt sich Kopfdarm. Er reicht von den Lippen bis zum Schlund. Speiseröhre und Magen gehören in den Bereich Vorderdarm.
Der Mitteldarm ist der Bereich zwischen Magen und Dickdarm. Also das, was wir als Dünndarm bezeichnen. Der Dünndarm selbst besteht auch aus unterschiedlichen Abschnitten:

- Zwölffingerdarm (Duodenum)
- Leerdarm (Jejunum)
- Krummdarm (Ileum)

Der Enddarm ist dann der Teil, den ich ab jetzt als Dickdarm bezeichne. Auch er wird in drei Bereiche geteilt:

- Blinddarm (Zäkum)
- Grimmdarm (Kolon)
- Mastdarm (Rektum)

Das, was wir normalerweise mit dem Begriff Darm verbinden, ist der Bereich zwischen Magen und After. Also der Dünndarm und der Dickdarm. Diese beiden Darmbereiche unterscheiden sich sowohl in ihrer Länge als auch in ihrer Ausstattung und Funktion sehr voneinander.

Hund	Länge	Hauptaufgabe	Verweildauer des Futters
Dünndarm	1,8–4,5 m	Protein-, Fett- und Kohlenhydratverdauung mithilfe von Enzymen	1–2 Stunden
Dickdarm	0,2–0,9 m	Umwandlung der unverdaulichen Kohlenhydrate in kurzkettige Fettsäuren	18–24 Stunden

Der Dünndarm

Der größte Teil der Verdauung findet im Dünndarm statt. Hier werden die Nährstoffe aus der Nahrung herausgeholt und in den Organismus abgegeben. Für diese wichtige Aufgabe hat der Dünndarm eine ganz besondere Ausstattung, die ihn zu einem Spezialisten macht.

Die Schleimhaut des Dünndarms vergrößert ihre Oberfläche durch Unmengen von kleinen Ausstülpungen (Zotten), die aus der Schleimhaut herauskommen wie lauter kleine Finger.

Diese kleinen Zotten kannst du dir vorstellen wie die Wellen auf einer Achterbahnstrecke. Würde die Bahn einfach auf gerader Strecke vom Start zum Ziel fahren, wäre die Fahrt schnell beendet. Durch das viele Auf und Ab dauert das Vergnügen deutlich länger.

Die Zotten im Dünndarm haben zwar nicht die Aufgabe, die Verweildauer der Nahrung zu verlängern. Aber sie vergrößern die Oberfläche, sodass eine größere Futtermenge gleichzeitig aufgeschlossen werden kann. Der Vergleich mit der Achterbahn hinkt zwar etwas, vielleicht kannst du dir vorstellen, was ich damit meine.

Der Dünndarm besitzt also im Inneren keine glatte Oberfläche, sondern ist besetzt mit vielen einzelnen kleinen Zotten. Damit nicht genug: Die einzelnen Zotten sind noch einmal mit vielen kleinen Borsten gespickt, mit dem sogenannten Bürstensaum. Er hat ebenfalls die Aufgabe, die Oberfläche des Dünndarms zu vergrößern.

Durch dieses ausgeklügelte System wird die Oberfläche des Dünndarms um das 600-Fache vergrößert. Und das alles nur, um alle benötigten Nährstoffe während der Verdauungszeit in ihre Bestandteile zu zerlegen und zu resorbieren (in den Organismus aufzunehmen).

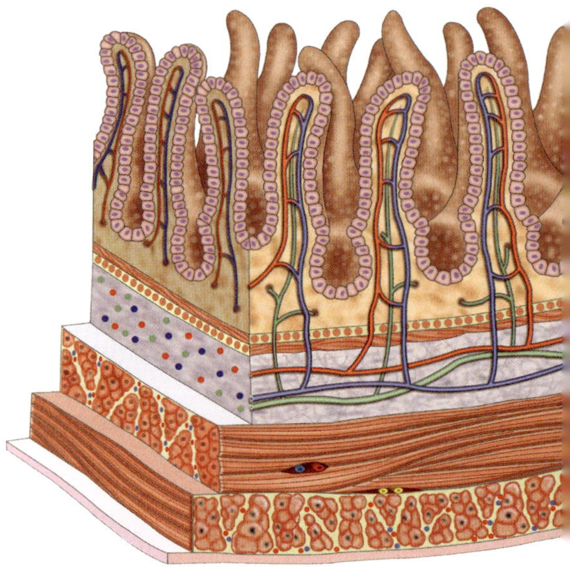

Aufbau der Darmwand:
Ein Querschnitt durch die Darmwand.
Gut zu sehen sind die fingerartigen Zotten.
Illustration © Shutterstock/ilusmedical

Im Dünndarm wird diese Aufgabe mithilfe von Enzymen erledigt, die hauptsächlich von Bauchspeicheldrüse und Galle zur Verfügung gestellt werden. Einen Teil der Enzyme produziert die Darmschleimhaut aber auch selbst.

Im Dickdarm sieht es anders aus. Hier finden wir im Gegensatz zum Dünndarm eine dichte Besiedelung mit Bakterien. Die Aufgabe dieser Bakterien ist es, Kohlenhydrate, die im Dünndarm nicht abgebaut werden konnten, zu kurzkettigen Fettsäuren umzubauen. Diese Fettsäuren sind für die Gesunderhaltung des Darms sehr wichtig. Außerdem bauen die Bakterien die schwer verdaulichen Proteine ab, die der Dünndarm nicht geschafft hat.

Das war ein kurzer Einblick in das Innenleben des Darms. Allerdings nur sehr oberflächlich. Da du den groben Zusammenhang jetzt kennst, wage ich mich mit dir noch etwas weiter in die Materie. Im nächsten

Kapitel geht es um den eigentlichen Verdauungsvorgang. Wir fangen wieder mit dem Dünndarm an, weil das die erste Station nach der Vorverdauung im Magen ist.

Der Dünndarm und seine Enzyme

Auch wenn der Magen mit der Aufbewahrung großer Futtermengen kein Problem hat – er kann sich bis zum zehnfachen Volumen ausdehnen –, möchte er das Futter nach getaner Arbeit wieder loswerden.

Das Signal hierfür gibt der Dünndarm. Wenn die Freigabe erfolgt, schiebt der Magen einen Teil seines Futterbreis in den Dünndarm. Da die Masse noch komplett mit Magensäure versetzt ist, muss jetzt schnell reagiert werden, denn in diesem Zustand ist sie für die empfindliche Schleimhaut des Dünndarms viel zu sauer. Um an dieser Stelle Schäden zu verhindern, liegen hier die Zugänge von Bauchspeicheldrüse und Galle.

Die Bauchspeicheldrüse beherbergt nicht nur die Verdauungsenzyme, sondern auch Bicarbonat, das den sauren Futterbrei neutralisiert. Die Gallenflüssigkeit wird in der Leber gebildet, in der Gallenblase gespeichert und bei Bedarf in den Dünndarm abgegeben. Hier zerlegt sie die ankommenden Fette in sehr kleine Fetttröpfchen, die dann von den Enzymen weiterverarbeitet werden können.

Sowohl Enzyme als auch Gallenflüssigkeit werden dem Futterbrei direkt nach dem Übergang vom Magen in den Dünndarm zugegeben.

Die in der Bauchspeicheldrüse produzierten Enzyme sind zuständig für die Eiweiß-, Fett- und Kohlenhydratverdauung. Drei sind dabei besonders wichtig: Amylase ist für die Kohlenhydratverdauung zuständig, Trypsin für die Proteinverdauung, das Enzym Lipase übernimmt die Fettverdauung.

Mithilfe dieser drei Enzyme werden die Nahrungsbestandteile in ihre kleinsten Bau-

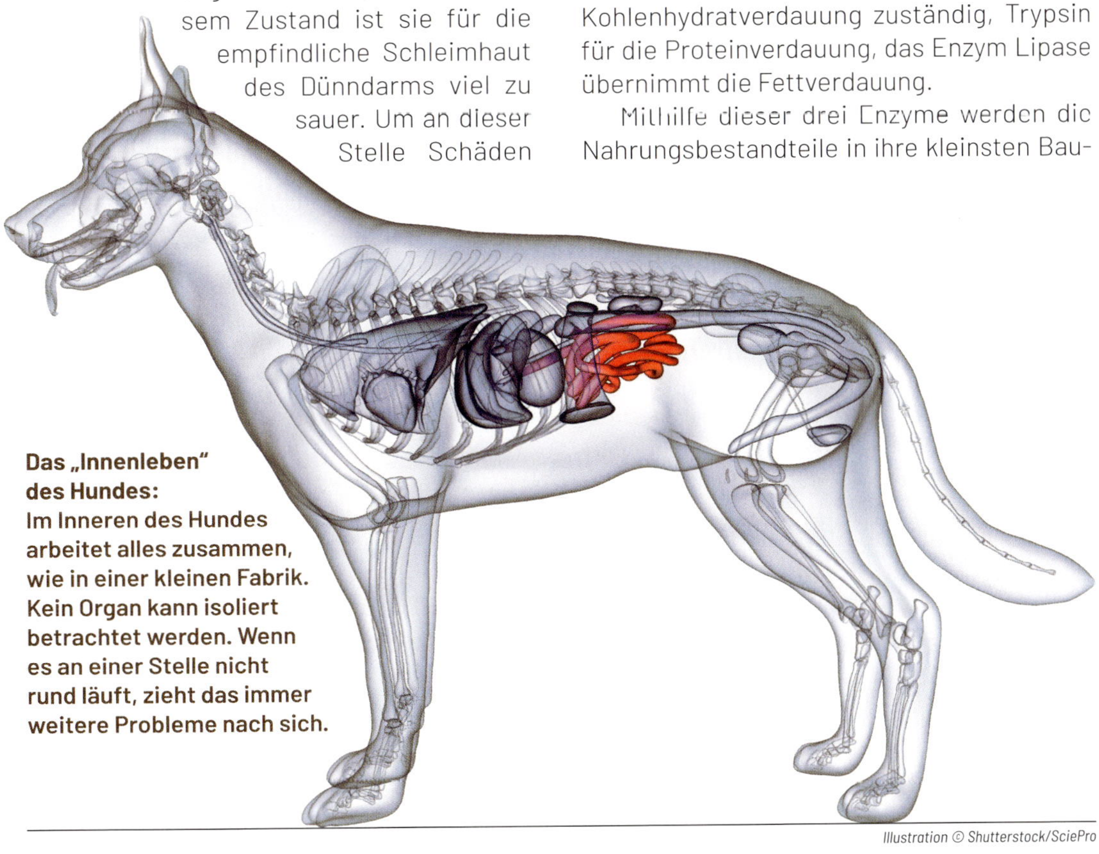

Das „Innenleben" des Hundes: Im Inneren des Hundes arbeitet alles zusammen, wie in einer kleinen Fabrik. Kein Organ kann isoliert betrachtet werden. Wenn es an einer Stelle nicht rund läuft, zieht das immer weitere Probleme nach sich.

Illustration © Shutterstock/SciePro

steine zerlegt. Die winzig kleinen Teilchen können dann über die Darmwand vom Organismus aufgenommen werden. Bei ihrem Weg durch die Darmwand landen sie aber nicht einfach irgendwo im Organismus, sondern ganz gezielt im Pfortadersystem. Dieser Teil des Blutkreislaufs, der Magen, Darm, Milz und Pankreas verbindet, bringt die aufgenommenen Nährstoffe direkt in die Leber. Hier werden sie gespeichert oder in die Organe weitergeleitet. Falls hier Giftstoffe ankommen, die zum Beispiel über die Nahrung aufgenommen wurden, werden sie in der Leber abgebaut. Damit die Bauchspeicheldrüse durch die Enzyme nicht selbst in ihre kleinsten Bestandteile zerlegt wird, werden sie erst nach der Abgabe in den Dünndarm aktiviert.

Die Abgabe der Enzyme erfolgt je nach Anforderung und richtet sich nach der Nahrungszusammensetzung. Ein Trockenfutter, das zur Hälfte aus Kohlenhydraten besteht, benötigt eine andere Enzymzusammenstellung als eine Fütterung mit rohem Fleisch. Deshalb bringt ein abrupter Futterwechsel die Verdauung häufig stark durcheinander.

Der Darm arbeitet wie eine kleine Fabrik, in der am Fließband etwas hergestellt wird. Nur wenn alle ihre Arbeit sorgfältig erledigen und ordentlich an die nächste Station übergeben, läuft die Produktion störungsfrei. Kleine Probleme kann jede Abteilung beheben oder zumindest ausgleichen, ohne dass direkt die ganze Produktion zusammenbricht. Verstärken sich die Probleme jedoch oder kommen sogar neue Störfaktoren dazu, wird es schwierig. Aus solchen anfänglichen Kleinigkeiten können sich im schlimmsten Fall chronische Verdauungsstörungen und/oder Allergien entwickeln.

Der Dünndarm leistet die Hauptverdauungsarbeit. Hier werden die benötigten Nährstoffe aus dem Futter herausgeholt. Durch seine Lage zwischen Magen und Dickdarm sind Dünndarmprobleme oft schwer zu lokalisieren. Ein wichtiges Alarmzeichen für eine Erkrankung des Dünndarms oder seiner Anhangsdrüsen (Bauchspeicheldrüse und Galle) ist eine sichtbare Gewichtsabnahme ohne erkennbaren Grund und bei gutem Appetit. Sie kann auf eine gestörte Nährstoffverwertung hinweisen.

Der Dickdarm und seine Bakterien

Die Darmbakterien, von denen du bestimmt schon gehört hast, leben hauptsächlich im Dickdarm. Nur in diesem Umfeld halten sie sich gern auf.

Der Begriff Darmflora für die Vielfalt der Bakterien, die im Darm leben, ist eigentlich veraltet. Entstanden ist dieser Begriff in einer Zeit, als die Wissenschaft noch davon ausging, dass es sich bei der Darmflora um eine Art Pflanzen handelt. Mittlerweile wissen wir, dass wir im Darm nicht von Pflanzen „befallen" sind, und haben die Begriffe auch angepasst. Deshalb heißt es heute Mikrobiom beziehungsweise Mikrobiota. Mit diesem Begriff ist die Gesamtheit aller Mikroorganismen gemeint, die sich auf oder in einem Lebensraum tummeln. Da uns allen der Ausdruck Darmflora wahrscheinlich immer noch am geläufigsten ist, verwende ich ihn, neben den beiden anderen Begriffen, weiterhin.

Wer oder was lebt im Dickdarm?

Der Dickdarm ist dicht besiedelt von Mikroorganismen. Der größte Teil sind Bakterien.

Und diese Bakterien teilen wir gängigerweise auf in gute und schlechte Vertreter. In einer ausgewogenen Darmflora gibt es aber eigentlich keine schlechten Bakterien. Auch die Bakterien, die wir als schlecht einstufen, haben ihre Aufgabe im Darm, auch wenn sie uns nicht wirklich als nützlich erscheinen.

Die guten Exemplare sind die, die sich normalerweise im Darm aufhalten sollen. Die schlechten haben dort, zumindest in großer Menge, nichts zu suchen. Wenn sie in der Überzahl sind, verursachen sie zum Beispiel Blähungen oder Durchfall.

Wie kommen schlechte Bakterien in den Darm?

Gelangen Fremdkeime in den Darm, wurden sie normalerweise über das Futter oder die Schleimhäute der Nase beim Schnüffeln aufgenommen. Eigentlich kann das Immunsystem deines Hundes damit umgehen. Es hat gelernt, Freund von Feind zu unterscheiden. Feinde werden abgewiesen und unschädlich gemacht. Leider funktioniert dieses System nicht immer, sonst gäbe es ja keine Krankheiten. Manchmal erkennen die aufgestellten Wachen den Feind nicht und lassen ihn durch.

Wie wir wissen, leben im Darm aber nicht nur nützliche Bakterien, sondern auch solche, die unter Umständen krank machen können. Diese Kerlchen müssen gar nicht reingelassen werden, weil sie schon längst da sind. Wenn um sie herum Chaos ausbricht, weil die Verdauung aus den Fugen gerät, können sie ganz unauffällig Fuß fassen und sich weiter ausbreiten. Als wäre das nicht schon schlimm genug, fühlen sich die guten Bakterien mit diesen neuen Nachbarn so unwohl, dass sie sich fast freiwillig zurückziehen. Und schon haben wir ein Problem.

Im Darm gibt es keine leeren Stellen wie in einem ländlichen Neubaugebiet. Wir haben es hier mit einem Ballungsgebiet in einer Großstadt zu tun. Alle Wohnungen sind belegt. Und wenn jemand auszieht, stehen die neuen Mieter schon vor der Tür. Wenn sich nützliche Bakterien zurückziehen, weil ihnen die Lebensbedingungen nicht mehr passen, wird der Platz sofort von „nicht so netten" Keimen besetzt.

Einen wichtigen Einfluss auf die Zusammensetzung der Wohngemeinschaft hat das Wohnklima, der pH-Wert. Im Dickdarm herrscht normalerweise ein moderater pH-Wert. Die guten Bakterien mögen es am liebsten schön in der Mitte, so zwischen 5,5 und 6,5. Werte darunter sind zu sauer, Werte darüber zu basisch. Die „schlechten Bakterien" bevorzugen einen höheren pH-Wert und sorgen durch ihre Stoffwechseltätigkeit dafür, dass der pH-Wert ansteigt. Dadurch, dass sie die Möglichkeit bekommen, sich auszubreiten, verändern sie das Darmklima und entziehen den guten Bakterien die Lebensgrundlage.

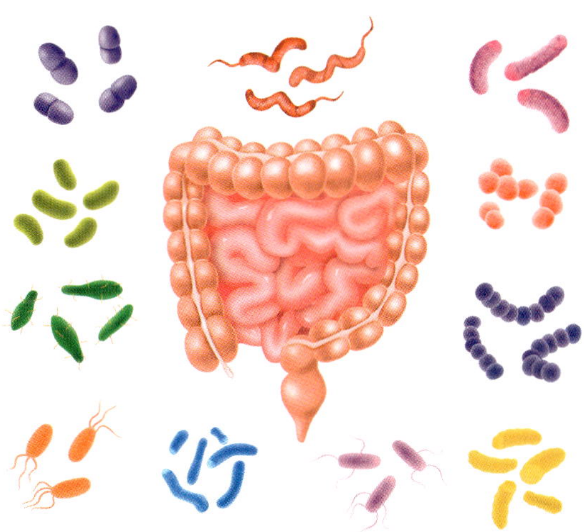

In einem gesunden Darm leben viele Bakterien. In großer Menge können manche von ihnen krank machen. *Illustration © Shutterstock/Macrovector*

Der Verdauungsprozess läuft größtenteils unbemerkt ab. Wenn bei deinem Hund immer mal wieder Probleme auftauchen, solltest du aufmerksam bleiben.

Von schlechter Verdauung zur chronischen Störung

Es gibt keinen vorgezeichneten Weg, der automatisch und immer in einer chronischen Verdauungsstörung endet. Aber es gibt Voraussetzungen, die das Entstehen einer chronischen Verdauungsstörung fördern. Fast alle Magen-Darm-Erkrankungen beginnen relativ unauffällig mit unspezifischen Symptomen. Hier mal etwas Durchfall und da mal etwas Bauchgrummeln. Vielleicht auch mal ein kleines Kotfleckchen. Also nichts Dramatisches. Ich bin oft in Gesprächen mit Hundebesitzern, die mir erzählen, dass sie die Anzeichen am Anfang gar nicht wirklich beachtet haben. Dein Hund hat Durchfall, nach ein paar Tagen ist alles wieder gut und du hast es bald vergessen. Dann kommt irgendwann wieder eine Phase mit Durchfall. Auch die vergeht nach ein paar Tagen. Oft sind diese Phasen so kurz, dass es sich ganz gut damit leben lässt. Zumindest dann, wenn die Hunde nachts nicht rausmüssen. Es ist ja ohne Weiteres möglich, dass es sich nur um eine kurze Magen-Darm-Verstimmung handelt, die schnell von allein verschwindet.

Magenerkrankungen fangen häufig so schleichend an. Und natürlich denkst du zunächst, dass dein Hund nur irgendetwas nicht vertragen hat. Wenn sich diese Krankheitsattacken häufiger wiederholen, werden sie normalerweise zunächst mit Medikamenten behandelt.

Medikamentöse Behandlungen

Gegen eine sinnvolle Medikation ist absolut nichts zu sagen. Eine alleinige Behandlung mit Medikamenten ist allerdings in den meisten Fällen nicht ausreichend. Wenn sich die Probleme nicht deutlich verbessern oder wenn sie in Abständen immer wieder auftauchen, muss nach dem Auslöser gesucht werden. Wir wissen heute so viel über die Magen-Darm-Erkrankungen und ihre Entstehung, dass es aus meiner Sicht nicht akzeptabel ist, immer wieder nur die Symptome zu bekämpfen. Bei den meisten meiner Patienten ist es nicht bei einer Antibiotikabehandlung geblieben. Oft wurde die Behandlung mehrmals wiederholt und/oder das Antibiotikum gewechselt. Dass der Darm darunter leidet, ist mittlerweile hinlänglich bekannt. Nach dem tatsächlichen Auslöser wird oft erst sehr spät gesucht. Bis dahin haben oft schon viele Behandlungsversuche stattgefunden. Nicht nur, dass sie das Problem häufig verschlimmert haben, bis dahin ist meist viel kostbare Zeit verstrichen.

Darmaufbau im Blindflug

Hört sich erst mal komisch an, denn eigentlich ist der Aufbau der Darmflora ja das Ziel. Wenn du aber nicht weißt, was im Darm deines Hundes los ist, dann kannst du auch nicht zielgerichtet vorgehen. Man kann die Darmflora nicht einfach mit Bakterien auffüllen. Wenn das Klima im Darm nicht stimmt, wenn die Darmschleimhaut entzündet ist, wenn die Enzymabgabe der Bauchspeicheldrüse gestört ist ... funktioniert das Auffüllen nicht.

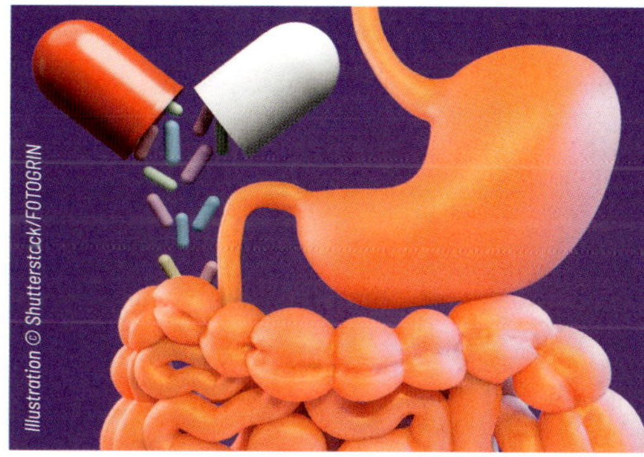

Fehlende Darmbakterien lassen sich nicht einfach „nachfüllen".

Der Darm kann den zugeführten Bakterien keine Lebensgrundlage bieten, auf der sie sich ansiedeln und vermehren können. Deshalb geht es beim Aufbau der Darmflora nicht primär um die Frage: **Was** fehlt im Darm? Sondern um die Frage: **Warum** fehlt etwas?

Das Angebot an Prä-, Pro- und Synbiotika ist riesig. Jedes Präparat hat bezüglich der eingesetzten Bakterienarten und ihrer Menge eine eigene Zusammensetzung. Um für deinen Hund die richtige Wahl zu treffen, musst du erst einmal möglichst genau wissen, in welchem Zustand sich der Darm befindet und ob überhaupt Bakterien fehlen. Nur dann kann eine Therapie sinnvoll aufgebaut werden und eine dauerhafte Verbesserung bringen. Ohne dieses Wissen laufen die meisten Darmsanierungen ins Leere und lassen dich in dem Glauben, dass das bei deinem Hund nicht hilft.

Zu häufiger oder zu früher Futterwechsel

Bist du sicher, dass der Auslöser der Verdauungsprobleme deines Hundes das Futter ist, dann musst du es wechseln. Das ist vollkommen klar. Sehr häufig ist das tatsächlich so. Die Fütterung ist in fast allen Fällen ein Teil des Dilemmas. Bei einigen meiner Patienten wurde

Häufiger Futterwechsel verstärkt die Probleme oft mehr, als dass er sie bessert.

schon bis zu zehnmal das Futter gewechselt. Immer in der verzweifelten Hoffnung, dass der Durchfall mit dem neuen Futter aufhört oder die Magenprobleme besser werden.

Was sich auf den ersten Blick sinnvoll anhört, ist bei einem Hund, der sowieso schon Verdauungsprobleme hat, häufig kontraproduktiv. Und schlimmer noch, es kann auch der Auslöser für (weitere) Allergien sein. Wenn die Bakterienlandschaft im Darm nicht gut aufgestellt ist oder der Darm entzündet ist, kann das neue Futter oft nicht besser verwertet werden als das vorherige. Es kommt womöglich wieder zu Durchfällen – selbst bei hochwertigem Futter. Wenn das System nicht funktioniert, kannst du allein durch Futterwechsel nichts ändern.

Das waren jetzt vier Punkte, die ich in den Gesprächen mit Haltern von Magen-Darm-kranken Hunden häufig zu hören bekomme. Und die leider in den meisten Fällen die schon bestehenden Probleme verstärkt haben.

Es gibt sogar noch einen fünften Punkt: die sozialen Medien. Hier gibt es viele Gruppen, in denen sich betroffene Hundebesitzer zusammenfinden und sich gegenseitig unterstützen. Die Grundidee ist super, denn nichts ist schlimmer als mit seinen Problemen allein zu sein. Allerdings wird in diesen Gruppen auch sehr viel Halbwissen bis hin zu Falschinformationen verbreitet. Ich weiß, wenn man verzweifelt ist, weil es dem Hund richtig schlecht geht, greift man nach jedem Strohhalm. Bitte denk aber immer daran, dass jeder Hund ein Individuum ist und sich deshalb gleiche Erkrankungen bei den Tieren unterschiedlich zeigen. Man kann leider nichts von einem Tier auf das andere übertragen. Weder das Hundefutter noch die Heilmittel oder den Therapieplan.

Durchfall – schnelle Hilfe, wenn es drängt

Durchfall ist ein Problem, das jeder Hundebesitzer kennt. Es wird nur sehr, sehr wenige Hunde geben, die nie in ihrem Leben Durchfall hatten. Das Schwierigste dabei ist: Wenn es drängt, muss es schnell gehen. Der kranke Hund muss sofort vor die Haustür. Und zwar am liebsten dann, wenn alle Familienmitglieder unterwegs sind, oder mitten in der Nacht. Deshalb ist schnelle Hilfe angesagt. Das geht nicht in jedem Fall, aber auf Seite 51 werde ich dir ein Hausmittel vorstellen, das in den meisten Fällen schnell wirkt.

Durchfall hat unterschiedliche Auslöser. Manchmal hat sich der Hund nur den Magen verdorben, weil er etwas Unverträgliches gefressen hat. Es kann eine bakterielle Infektion sein, die beim Gassigehen von einem Hund auf den anderen übertragen wird. Daneben ist eine Darmentzündung denkbar, die den Durchfall auslöst. In solchen Fällen wechseln sich meistens Durchfallphasen mit besseren Phasen ab. Auch Allergien oder Futtermittelunverträglichkeiten lösen Durchfall aus, der immer wieder auftritt.

Häufig wird diese Form von Durchfall über einen längeren Zeitraum hingenommen. Vielleicht liegt es daran, dass viele Hunde, die unter chronischem Durchfall leiden, ihren Kotabsatz trotzdem kontrollieren können. Sie machen normalerweise nicht in die Wohnung und müssen nachts nicht raus. Aber: Auch immer wiederkehrender Durchfall ist ein Zeichen für eine Verdauungsstörung.

Durchfall ist keine eigenständige Erkrankung, sondern ein Symptom. Der Organismus reagiert zum Beispiel auf verdorbenes Futter, auf Bakterien oder Viren, auf Allergene. Bei Durchfall, der immer wieder auftritt, ist es wichtig, den Auslöser herauszufinden.

Bei einer akuten Durchfallerkrankung ist der Auslöser meistens nicht so wichtig und lässt sich auch nicht ermitteln. Manche Hundebesitzer wissen, dass ihr Hund im Park irgendetwas Komisches gefressen hat. Häufig aber tappt man bei der Suche nach dem Auslöser im Dunkeln. Meine Labradorhündin hat sich früher bei jedem Magen-Darm-Infekt meiner Kinder mit angesteckt. Das war eine ungünstige Kombination für mich. Ich hatte dann nicht nur die kranken Kinder, sondern auch noch den kranken Hund, der ständig rausmusste. Auch nachts.

Bei einer plötzlich auftretenden Durchfallerkrankung musst du dir erst mal keine Sorgen machen. Das passiert häufig und lässt sich auch ohne Gang zum Tierarzt schnell wieder in die richtigen Bahnen lenken.

Wenn der Durchfall aber länger anhält, dein Hund auch deutliche Krankheitsanzeichen zeigt, ist der Weg zum Tierarzt dringend notwendig – egal, ob du einen Auslöser ausmachen kannst oder nicht. Durch lang anhaltenden Durchfall kommt es zu hohem Flüssigkeitsverlust und zur Austrocknung. Das ist gefährlich und muss eventuell durch Infusionen aufgefangen werden. Außerdem muss bei längeren Durchfallerkrankungen unbedingt die Ursache herausgefunden werden.

Das Gleiche gilt bei Durchfall, der in Abständen immer wieder auftritt und von entzündlichen Darmerkrankungen verursacht sein kann. Solche Erkrankungen verlaufen oft in Schüben und zeigen nur in den akuten Phasen Symptome wie Durchfall. Unbehandelt werden die Abstände zwischen den Durchfallphasen immer kürzer, weil die Krankheit „unbemerkt" weiter fortschreitet.

Hat der Hund Durchfall, können die Nächte schon mal recht kurz sein.

Durchfall richtig einschätzen

Um das Symptom Durchfall richtig einzuschätzen, gibt es ein paar wichtige Merkmale, auf die du achten kannst:

Wie ist der Krankheitsverlauf?

Akuter Durchfall tritt plötzlich auf und verschwindet genauso schnell wieder. Chronischer Durchfall dauert länger als 14 Tage. Rezidivierender Durchfall tritt in Abständen immer wieder auf. In den Phasen dazwischen ist alles in Ordnung.

- Wie ist das Allgemeinbefinden des Hundes?
- Wirkt er trotz Durchfall gesund?
- Ist sein allgemeiner Zustand deutlich verschlechtert? Wirkt er krank?
- Wo ist der Durchfall lokalisiert? Im Dünndarm oder im Dickdarm?
- Auch die **möglichen Auslöser** spielen bei der Einschätzung des Durchfalls eine wichtige Rolle. Infrage kommen:
  - Fütterungsfehler (zu kalt, zu fett, abrupter Futterwechsel),
  - verdorbenes Futter,
  - Nebenwirkungen von Medikamenten,
  - Parasiten,
  - Darmentzündungen,
  - exokrine Pankreasinsuffizienz,
  - Futtermittelunverträglichkeiten,
  - Allergien.

Ob Durchfall im Dünndarm oder Dickdarm entsteht, ist nicht immer eindeutig zu unterscheiden. Aus dem ursprünglichen Dünndarmdurchfall kann sich außerdem ein Dickdarmdurchfall entwickeln und umgekehrt.

Trotzdem gibt das Auftreten des Durchfalls Anhaltspunkte, die auchfür die Behandlung eine Rolle spielen können:

Eigenschaften Dünndarmdurchfall

- Die Kotmenge ist sehr groß.
- Der Kot ist flüssig.
- Der Kotabsatz ist etwas häufiger als normal.
- Der Hund kann den Kotabsatz meistens kontrollieren, auch nachts.
- Der Kot ist oft mit dunklem Blut vermischt.
- Wenn die Fettverdauung gestört ist, kommt es zum sogenannten „Fettstuhl". Der Kot ist dann heller und glänzend.
- Häufig unverdaute Nahrungsrückstände im Kot.
- In manchen Fällen kommt es zum Erbrechen.
- Die Hunde zeigen ein eher schlechtes Allgemeinbefinden, sind schlapp und müde.
- Der Appetit ist häufig vermindert. Bei einer gestörten Nährstoffaufnahme kann es aber zu erhöhtem Appetit kommen.
- Der Hund verliert Gewicht.

Eigenschaften Dickdarmdurchfall

- Die Kotmenge ist nicht größer als normalerweise. Die Menge kann sogar kleiner sein.
- Die Konsistenz ist meistens breiig.
- Der Kotabsatz ist deutlich häufiger.
- Der Hund kann den Kotabsatz nicht kontrollieren. Macht in die Wohnung.
- Der Kot ist oft mit viel Schleim überzogen.
- Meistens keine Veränderung im Verhalten. Der Hund wirkt nicht krank.
- Der Appetit verändert sich kaum.
- Es kommt normalerweise nicht zu Gewichtsverlust.

Hausmittel und Schonkost

Was tun, wenn sich Durchfall zeigt? Anhand der Merkmale, die ich dir oben beschrieben habe, kannst du den Durchfall deines Hundes jetzt einschätzen.

Nahrungskarenz ist bei akutem, aber auch bei chronischem oder rezidivierendem Durchfall (Durchfall, der in Abständen immer wieder auftritt) eine Hilfe. Es kommt etwas Ruhe in das Geschehen. Viele Hunde haben bei Durchfall sowieso keinen Appetit, das kommt den Hundehaltern dann entgegen. Aber auch Hunde, die überhaupt keine weiteren Krankheitsanzeichen zeigen, sollten einen Tag ohne Futter auskommen. Die geschädigten Darmzellen können sich schneller erneuern, wenn sie nicht gleichzeitig auch noch arbeiten müssen.

Das gilt aber nicht uneingeschränkt für alle Hunde. Manche Hunde bekommen bei Nahrungsentzug sofort Sodbrennen. Wenn du so einen Kandidaten zu Hause hast, hilft vielleicht die Möhrensuppe (Rezept unten) als schonendes Heilmittel.

Je nach Intensität des Durchfalls ist nach der ersten Akutphase häufig das vorübergehende Füttern von Schonkost angesagt. Ein wichtiges Hilfs- und Hausmittel bei Durchfall, das gleichzeitig die Schonkost unterstützt, ist die Morosche Möhrensuppe.

Genauso genial wie die einfache Herstellung dieses Heilmittels ist auch die Wirkung. Das hat folgenden Grund: Durch das lange Kochen der Karotten entstehen bestimmte Zuckermoleküle, sogenannte Oligosaccharide. Diese können sich an die Darmwand anheften und nehmen den Krankheitserregern so die Anlagerungsstellen in der Darmschleimhaut weg. Dadurch, dass die Krankheitserreger keine Möglichkeit finden, sich anzusiedeln, können sie wesentlich leichter und schneller mit dem Nahrungsbrei ausgeschieden werden.

Foto © Shutterstock/Mila Naumova

Morosche Möhrensuppe

Zutaten:

500 g Möhren
1 Liter Wasser
1 TL Salz
etwas abgekochtes Wasser zum Auffüllen

Zubereitung:

1. Möhren schälen und klein schneiden.
2. 1 Liter Wasser zum Kochen bringen und die Möhren darin für 1,5–2 Stunden köcheln lassen.
3. Anschließend pürieren und die Suppe wieder mit abgekochtem Wasser auf einen Liter auffüllen (die Konsistenz sollte wie dicke Buttermilch sein).
4. Salz zugeben. Fertig!

WICHTIG ZU WISSEN

Bei Durchfall gilt eine 24-Stunden-Nahrungskarenz – also nicht füttern. So können sich die Darmzellen am schnellsten wieder erholen.

Foto © Archiv M.John-Sauerstein

Die Möhrensuppe kannst du problemlos auf Vorrat kochen und portionsweise einfrieren. Sie verliert dadurch nichts von ihrer Wirkung. Für kleinere Hunde kann man sie gut in Eiswürfelförmchen einfrieren. Wenn die Würfelchen komplett gefroren sind, lassen sie sich einfach in Gefrierdosen oder -beutel umfüllen.

Diese Suppe ist ein guter Einstieg in die Fütterung, wenn es vorher einen futterlosen Tag gab. Ist der Durchfall eher als leicht einzustufen, kannst du eventuell auf den Nahrungsentzug verzichten und direkt die Möhrensuppe füttern. Die meisten Hunde mögen die Möhrensuppe, aber es gibt auch einige, die dir ganz klar signalisieren, dass sie keine Kaninchen sind. Solche Vierbeiner lassen sich oft überzeugen, wenn du ein ganz klein wenig gegartes Hähnchenfleisch unter die Suppe mischst. Oder auch nur das Kochwasser, in der das Fleisch gegart wurde. Das Fleisch kann dann im Kühlschrank auf den ersten Tag mit Schonkost warten.

Schonkost richtig einsetzen

Unter Schonkost versteht man eine Ernährung, die den Verdauungsapparat so wenig wie möglich beansprucht. Dabei liegt das Hauptaugenmerk auf der Verdaulichkeit. Schonkost setzt sich grundsätzlich aus drei Komponenten zusammen:

REINES MUSKELFLEISCH als leicht verdauliche Proteinquelle. In den meisten Fällen wird hierfür Huhn oder Pute eingesetzt. Ist dein Hund dagegen allergisch, nimmst du die Fleischsorte, die du sonst auch fütterst. Das Fleisch wird nicht roh verfüttert, sondern gegart. Es muss nicht sprudelnd gekocht werden, eine Temperatur von 70 °C reicht aus. Lass das Fleisch in wenig Wasser ziehen, bis es gar ist, und verfüttere das „Koch"-Wasser mit. Dann gehen die wasserlöslichen Vitamine nicht verloren. Durch das Garen verändert sich die Struktur der Proteine im Fleisch und macht sie für den Hund leichter verdaulich.

KOHLENHYDRATQUELLE: Hier stehen mehrere zur Verfügung. Die meisten Hundehalter verwenden Reis in der Schonkost, aber meine Erfahrung ist, dass nicht alle Hunde Reis vertragen. Wenn sich bei deinem Hund durch die Schonkost nichts verbessert oder nicht ausreichend, dann kann es unter Umständen am Reis liegen. Probiere dann einfach mal Kartoffel oder Süßkartoffel aus.

WICHTIG ZU WISSEN

„Reis, Kartoffeln, Nudeln und Co müssen lange gekocht werden, damit dein Hund diese Kohlenhydrate verdauen kann. Als Faustregel gilt: 10 Minuten länger als für Menschen – also nicht bissfest, sondern schön weich. Und bitte das Kochwasser nicht abgießen, sondern mitverwenden."

Rechenbeispiel: Die richtige Menge Schonkost

Die Gesamtmenge der täglichen Schonkost-Fütterung ist abhängig vom Gewicht des Hundes.
Weil Schonkost immer sehr fettarm ist, ist die Futtermenge insgesamt etwas höher als normal. Schließlich soll der Hund ja satt werden. 3-4 Prozent vom Körpergewicht des Hundes sind hierbei ein guter Mittelwert für die Futtermenge. Ein 10 Kilogramm schwerer Hund bekommt dann ca. 300-400 Gramm Schonkost am Tag. Bei der Aufteilung der Ration hat sich für mich die Teilung in Fünftel bewährt.

2/5 Fleisch,

2/5 Kohlenhydrate,

1/5 Gemüse

Ein 10 Kilogramm schwerer Hund bekäme dann 100 Gramm Fleisch, 100 Gramm Reis o. Ä. und 50 Gramm Gemüse. Dies ist dann die **Tagesmenge**, die die wiederum auf die Anzahl der täglichen Fütterungen verteilt werden muss.

GEKOCHTE MÖHREN ODER MÖHRENSUPPE: Die Möhren sollen gar gekocht und püriert sein. Wer keinen Pürierstab hat, kann sie zerdrücken oder zerstampfen. Wer keine Möhren kochen möchte, kann sie in Pelletform kaufen und nach Herstelleranweisung einweichen und dem Futter zugeben. Das ist unkompliziert und leicht zu lagern.

SCHONKOST kommt ohne Zusätze aus, auch ohne Öl. Schonkost ist immer eine Mangelernährung. Wenn sie nur über wenige Tage gefüttert wird, ist das kein Problem.

Wie oben erwähnt, eignet sich diese Form der Schonkost nur für eine kurzzeitige Fütterung. Wenn dein Hund über einen längeren Zeitraum oder sogar dauerhaft mit Schonkost versorgt wird, muss die Fütterung anders aufgebaut werden. Ansonsten kommt es zu einem Nährstoffmangel, der weitere Probleme nach sich zieht. In solchen Fällen richtet sich die Zusammensetzung der Schonkost und der Einsatz der Zusätze nach der jeweiligen Erkrankung. Hier kommen zusätzlich zur hohen Verdaulichkeit noch weitere Aspekte ins Spiel, die beachtet werden müssen.

Huminsäuren und Flohsamen richtig einsetzen

Eine weitere Möglichkeit, Durchfall schnell einzudämmen, ist der Einsatz von Huminsäuren. Es gibt auf dem großen Nahrungsergänzungsmarkt einige Hersteller, die Huminsäuren anbieten. Huminsäuren binden Schadstoffe und Toxine und unterstützen die Darmfunktion. Je nach Hersteller ist das Pulver oft tiefschwarz. Wenn die Häufchen nach der Gabe von Huminsäuren plötzlich aussehen wie Grillkohle – nicht erschrecken. Das ist normal. Ich empfehle meinen Patientenhaltern immer, die Huminsäuren einzuschleichen. Egal, von welchem Hersteller, und egal, was auf der Verpackung steht. Es gibt immer wieder Hunde, die die angegebene Dosierung nicht vertragen und mit Verstopfung oder Durchfall reagieren. Wenn du das Präparat deiner Wahl langsam einschleichst, dann findest du die individuelle Grenze deines Hundes. Am besten ist es, wenn du an die empfohlene Menge herankommst. Wenn dein Hund vorher streikt, ist das auch okay. Eine heilende Wirkung stellt sich dennoch ein.

Kauknochen bestehen hauptsächlich aus Bindegewebe und sind deshalb schlecht verdaulich.

Mit Trockenfutter ist dieses Pulver schwer zu füttern, weil es ganz fein gemahlen ist. Es hat sich bewährt, das Pulver in etwas Joghurt oder Hüttenkäse zu rühren und dann als Leckerli zu geben oder als Topping auf das Futter.

Ein anderes Heilmittel bei Durchfall sind Flohsamenschalen. Ich lese häufig die Empfehlung, Flohsamenschalen bei Durchfall trocken zu füttern. Davon möchte ich dir unbedingt abraten. Flohsamenschalen sind in der Lage, die 40-fache Menge ihres Gewichts an Flüssigkeit zu binden. Das ist extrem viel und führt schnell zu Verstopfung. Gequollene Flohsamenschalen helfen genauso gegen Durchfall, verursachen aber keine Verstopfung. Eine genaue Anleitung, wie du Flohsamenschalen anwenden kannst, findest du auf Seite 88.

Die Dünndarmfehlbesiedelung – SIBO

Die Bezeichnung SIBO steht für **Small Intestinal Bacterial Overgrowth, die bakterielle Überwucherung des Dünndarms.** Diese Diagnose wird bei Hunden nur selten gestellt, weil sie sich schwer von anderen Darmerkrankungen abgrenzen lässt. Auch die Diagnosemöglichkeiten sind eingeschränkt beziehungsweise werden bei Hunden auch aus Kostengründen nicht sehr häufig genutzt. In den meisten Fällen wird SIBO deshalb als Vermutung in den Raum gestellt.

Was ist SIBO?

Wie du schon im Abschnitt „Der Dünndarm und seine Enzyme" (siehe Seite 43) gelesen hast, halten sich in diesem Darmabschnitt relativ wenig Bakterien auf. Es werden zwar immer Bakterien während des Verdauungsvorgangs aus dem Magen hineingespült, wenn aber alles im Lot ist, passieren sie den Dünndarm recht schnell. Sowohl Magen- und Gallensäuren als auch die automatische Vorwärtsbewegung des Futterbreis und die kurze Verdauungszeit im Dünndarm machen ihnen eine Ansiedelung nur schwer möglich. Trotzdem kann es dazu kommen, dass sich vermehrt Bakterien im Dünndarm ausbreiten, die sich normalerweise in den hinteren Darmabschnitten aufhalten.

Je weiter das Futter im Darm in Richtung Ausgang wandert, desto höher wird die Bakteriendichte. Auch die Ileozökalklappe, die den Dickdarm vom Dünndarm trennt, sorgt dafür, dass die Bakterien nicht in die vorderen Darmbereiche vordringen können. Wenn einer dieser Mechanismen ausfällt, die den Dünndarm vor Fremdkeimen schützen sollen, wird das System anfällig. Jetzt können sich plötzlich Bakterien aus dem Magen ansiedeln

Symptome für eine Fehlbesiedelung des Dünndarms

Hier kommen die üblichen Symptome ins Spiel, die in diesem Buch mehrmals angeführt wurden:

- Durchfall
- Blähungen
- Bauchschmerzen
- Übelkeit

oder Bakterien aus dem Dickdarm bis nach vorn in den Dünndarm vordringen. Und je nachdem, wie schnell sie sich ausbreiten, wird die Verdauungstätigkeit des Dünndarms immer mehr gestört.

Bei einer SIBO werden die Nährstoffe im Dünndarm nicht mehr durch Enzyme, sondern hauptsächlich durch Bakterien verstoffwechselt. Durch diese bakteriellen Verdauungsprozesse entstehen Gase, die genau wie im Dickdarm Blähungen verursachen. Außerdem werden Säuren gebildet, die die Dünndarmschleimhaut schädigen. Es kommt zu Blähungen und Bauchschmerzen. Da die Bakterien die Nährstoffe nicht in den Organismus abgeben, sondern selbst verbrauchen, kann es zusätzlich zu Nährstoffmangel und Gewichtsverlust kommen. Bei einer Dünndarmüberwucherung treten die Symptome meistens ein bis zwei Stunden nach der ersten Fütterung auf und werden im Verlauf des Tages schlimmer.

Wodurch wird SIBO ausgelöst?

Um SIBO zu diagnostizieren beziehungsweise die Krankheitsvermutung zu stärken, ist die genaue Auflistung der Vorerkrankungen wichtig. So kann SIBO zum Beispiel die Folge einer Gastritis oder einer exokrinen Pankreasinsuffizienz sein. Auch ein andauernder Magensäuremangel kann dazu führen, dass Bakterien die Magenpassage schadlos überstehen und dann in großer Zahl im Dünndarm ankommen.

Immer dann, wenn der normale Verdauungsprozess im Dünndarm gestört wird, ist er anfällig für Fremdkeime. Damit sich diese Keime ausbreiten können, müssen bestimmte Faktoren zusammenkommen:

eine große Anzahl von Bakterien,

- weil die Magensäure nicht ausreicht, um die aufgenommenen Keime unschädlich zu machen.
- weil die Ileozökalklappe nicht richtig schließt und die Bakterien sich deshalb in die vorderen Darmabschnitte ausbreiten können. Ein Grund hierfür kann zum Beispiel eine Futtermittelunverträglichkeit sein. Unverdaute Futterbestandteile gelangen in den Dickdarm und werden dort bakteriell verdaut. Das kann starke Blähungen mit sich bringen. Wenn dieser Zustand lange anhält, leidet die Ileozökalklappe unter diesem Druck und „leiert aus".
- weil es im Dickdarm zu einer starken Vermehrung der Bakterien gekommen ist, die sich bis in den Dünndarm vorarbeiten. In so einem Fall ist allerdings davon auszugehen, dass im Dünndarm schon ein Problem vorliegt, das bisher nur noch nicht aufgefallen ist.
- weil eine längere Behandlung mit Magensäureblockern vorangegangen ist. Das Herabsetzen der Magensäure führt dazu, dass viele Bakterien die Magenpassage überleben und so ungehindert in den Dünndarm gelangen.

Bei Bauchweh hilft oft eine kleine Massage oder eine wärmende Hand.

- weil das Futter zu wenig Ballaststoffe enthält und sich die Reise durch den Darm dadurch verlangsamt. Das Futter bleibt länger im Dünndarm liegen und die enthaltenen Bakterien haben Zeit, sich auszubreiten.

Auf der anderen Seite muss **ein großes Nahrungsangebot für die Bakterien** vorhanden sein.Für die Reichhaltigkeit des Bufetts ist indirekt die Bauchspeicheldrüse zuständig: Wenn die von ihr zur Verfügung gestellten Verdauungsenzyme fehlen, können sich die Bakterien über die unverdauten Nahrungsbestandteile hermachen. Eine exokrine Bauchspeicheldrüseninsuffizienz kann deshalb die Grundlage für eine entstehende SIBO sein. Die fehlenden Enzyme verhindern die Verdauung und versorgen die Bakterien im Dünndarm mit reichlich Nahrung.

Wie lässt sich SIBO behandeln?

Die Behandlung einer SIBO richtet sich idealerweise nach dem Auslöser. Da wir den aber oft nicht kennen, müssen wir als Grundlage auf andere Informationen zurückgreifen und auch an verschiedenen Stellen gleichzeitig arbeiten. Wichtig ist als Erstes eine genaue Aufstellung der Symptome, mit der sich die Erkrankung zeigt. Hier finden sich auf jeden Fall Hinweise für die Therapie.

Als Nächstes ist unbedingt eine aussagekräftige Kotuntersuchung notwendig: Parasiten, Schleimhautparameter, Canine pankreatische Elastase, Gallensäuren, Kotflora. Mit diesen Werten lässt sich das Ausmaß der Dünndarmentzündung bestimmen und eine Therapie erstellen.

In schweren Fällen werden die Bakterien im Dünndarm mit Antibiotika bekämpft. Dass verschafft erst mal Ruhe und Entlastung. Trotzdem muss gleichzeitig das eigentliche Problem angegangen werden und der Darm therapiert werden. Auch bei einer SIBO gibt es naturheilkundliche Mittel, die sich als Therapeutika eignen. Aber auch ihr Einsatz richtet sich danach, wie es im Darm tatsächlich aussieht. Die Therapieerstellung muss zum Entzündungsgeschehen passen. Ist es zum Beispiel durch den entzündeten Darm zu einem Gallensäureverlustsyndrom gekommen, muss das bei der Auswahl der Heilmittel unbedingt berücksichtigt werden. Eine „blinde Sanierung" ohne eine vorherige Kotuntersuchung führt so gut wie nie zum gewünschten Ziel.

Die chronische Darmentzündung – IBD

Die drei Buchstaben IBD stehen für **Inflammatory Bowel Disease,** eine chronisch entzündliche Darmerkrankung. In den letzten Jahren wird diese Diagnose immer häufiger gestellt. Allerdings nicht immer mit einer gesicherten Diagnose als Grundlage. Vergleichbar ist IBD mit Morbus Crohn, einer chronischen Darmerkrankung bei Menschen. Bei Morbus Crohn wird eine genetische Veranlagung in Zusammenspiel mit einem fehlgeleiteten Immunsystem vermutet. Ob das bei Hunden genauso ist, ist noch nicht ausreichend untersucht. Die Vermutung liegt allerdings nahe. IBD und Morbus Crohn verlaufen beide in Schüben. Zwischen diesen Schüben sind die Patienten, Menschen wie Hunde, größtenteils beschwerdefrei. Es scheint deutliche Gemeinsamkeiten zwischen den beiden Krankheitsbildern zu geben.

Bei Hunden war es bis vor einigen Jahren so, dass IBD eine Ausschlussdiagnose war. Wenn der Tierarzt bei entsprechenden Symptomen keine andere Krankheit als Ursache ausmachen konnte, wurde die Diagnose IBD gestellt. Meistens hatten die Hunde und ihre Besitzer schon einen langen Leidensweg und viele, viele Tierarztbesuche hinter sich. Heute ist der Ausschluss anderer Erkrankungen immer noch ein Teil der Diagnose, aber zusätzlich wird eine Darmspiegelung mit Biopsie benötigt, um die endgültige diagnostische Zuweisung zu ermöglichen.

Aus meiner praktischen Erfahrung weiß ich, dass die wenigsten Hundebesitzer diese Biopsie bei ihren Tieren durchführen lassen. Nicht nur, weil die Untersuchung teuer ist, sondern auch, weil sie nur unter Vollnarkose durchgeführt werden kann. Viele Hunde, die an einer IBD leiden, sind in einem schlechten Gesundheitszustand, sodass eine Narkose eine große Belastung für den Organismus wäre.

Wenn alle Symptome für die Diagnose „chronische Darmentzündung" sprechen, ist es im Grunde genommen völlig egal, „welchen Namen das Kind hat". Wichtig ist, dass dem Hund geholfen wird. Denn IBD ist eine schwere Erkrankung, die nicht ausschließlich mit Naturheilmitteln behandelt werden kann. Wichtig ist, dass du Heilmittel zur Hand hast, wenn sich ein akuter Schub ankündigt, die deinen Hund nicht noch zusätzlich belasten.

Bei einem alten Hund verbessert bedarfsgerechte Ernährung oft die Lebensqualität.

Wie zeigt sich eine IBD?

PRAXISBEISPIEL

Anton ist ein kleiner Mischling, der nach einer langen Krankheits-Odyssee mit seinem Frauchen bei mir in der Praxis sitzt. Er leidet seit Jahren an immer wiederkehrenden Durchfällen, die schon auf unterschiedlichste Weise behandelt wurden. Mittlerweile kommen die Durchfallschübe im Abstand von wenigen Wochen. Seine Besitzerin erzählt bei unserem ersten Treffen: „Am Anfang, vor fünf Jahren, hatte er nur zwei- bis dreimal im Jahr Durchfall. Zwar jedes Mal sehr heftig, aber wir haben gedacht, er hat einfach nur einen empfindlichen Darm und bekommt schnell Durchfall. Ich wäre nicht im Traum auf die Idee gekommen, dass das der Anfang von einer so schlimmen Erkrankung ist. Und wenn mir das damals jemand erzählt hätte, hätte ich es auch sicher nicht geglaubt."

Eine chronisch entzündliche Darmerkrankung kann sich mit unterschiedlichen Symptomen zeigen. Je nachdem, welcher Bereich des Darms entzündet ist, unterscheiden sich die Symptome. Es kommt nur sehr selten vor, dass ein Hund alle auffälligen Krankheitszeichen zeigt. Zu Beginn kann diese Erkrankung sehr unspezifisch auftreten. Normalerweise werden die Symptome aber im Laufe der Krankheitsjahre immer mehr und nehmen an Intensität zu. IBD tritt in Schüben auf. Zwischen den Schüben wirken die Hunde gesund. Wird die Darmerkrankung nicht behandelt, werden die gesunden Phasen zwischen den Krankheitsschüben immer kürzer. Bis das Verhältnis irgendwann kippt und der Hund überwiegend krank ist. Die Bandbreite der Symptome bei einer IBD ist groß. Und die Ausprägung der Symptome reicht von mittelgradig bis lebensbedrohlich.

Bei einer IBD, die eher den vorderen Darmtrakt, also den Dünndarm, beeinträchtigt, bleiben die Symptome nicht nur auf den Darm beschränkt, sondern nehmen in den meisten Fällen auch den Magen mit in Beschlag.

Sind hauptsächlich Magen und Dünndarm betroffen, erkennst du das an folgenden Symptomen:

- Immer wiederkehrendes Erbrechen. Das Erbrochene ist sehr flüssig, wässrig oder schleimig. Oft auch gelblich. Die Hunde erbrechen Magenflüssigkeit. Manchmal auch grünliche Galle.
- Hier kommen die Magensymptome ins Spiel, von denen du schon in den vorherigen Kapiteln gelesen hast: Indizien wie Schmatzen, Speicheln, Sodbrennen, heftiges Ablecken von Gegenständen, Fußböden, Hundekumpeln ...

Symptome einer IBD in akuten Phasen:

- Durchfall, zum Teil heftig und explosionsartig, oder normaler Kot, aber mit stark erhöhter Absatzhäufigkeit (zum Teil 6- bis 8-mal täglich)
- Häufig Blut und Schleimauflagerungen auf dem Kot
- Laute Darmgeräusche, Bauchgrummeln, Blähungen
- Bauchschmerzen
- Gewichtsverlust
- Hektisches Fressen von Unverdaulichem
- Sodbrennen
- Angst, Unsicherheit

Foto © Shutterstock/Zontica

Appetitlosigkeit: oft Begleiterscheinung vieler Magen-Darm-Erkrankungen.

Wenn die Magen-Dünndarm-Symptome allein vorkommen, wird dieser Symptomenkomplex **IGOR** genannt (Inflammatorisch gastrooesophagealer Reflux). Hinter dieser Abkürzung verbirgt sich keine weitere Erkrankung – sie hilft nur bei der Abgrenzung von Dünn- und Dickdarm-IBD.

Bei den meisten Hunden wird die IBD erst so spät erkannt, dass sich die Entzündung im gesamten Magen-Darm-Bereich ausgebreitet hat. Aus diesem Grund leiden viele der betroffenen Hunde unter einer Mischform und zeigen, mehr oder weniger ausgeprägt, Symptome beider Formen.

Auf ein Symptom, das ich oben schon aufgeführt habe, möchte ich hier noch einmal explizit eingehen, weil Ängstlichkeit, Schreckhaftigkeit und Phobien nicht zu den „üblichen Symptomen" gehören, von denen du in diesem Buch schon so oft gelesen hast: Viele der IBD-Patienten entwickeln im Laufe ihrer Erkrankung eine starke Ängstlichkeit oder Phobien. Von solchen Verhaltensweisen wird mir bei der Fallaufnahme häufig berichtet. Wer aber bringt schon eine immer stärker werdende Angst vor Fliegen mit einer Darmentzündung in Zusammenhang? Im Humanbereich weiß man, dass sich bei Morbus-Crohn-Patienten häufig Ängste oder Depressionen entwickeln. Bei Hunden scheint sich diese Erkrankung manchmal ähnlich auszuwirken. Einige der Hunde ziehen sich immer mehr zurück, entwickeln ähnlich wie Menschen Ängste, manche werden regelrecht unzugänglich und in seltenen Ausnahmefällen auch aggressiv.

Wodurch wird eine IBD ausgelöst?

Die Ursachen einer chronisch entzündlichen Darmerkrankung sind noch längst nicht alle bekannt. Es gibt aber viele Faktoren, die auf ihre Entstehung Einfluss haben:

- **Genetische Veranlagung:** Rassen wie Deutscher Schäferhund, Australian Shepherd, Jack Russell, Boxer, Golden und Labrador Retriever leiden überdurchschnittlich häufig an entzündlichen Darmerkrankungen. Auch Tierschutzhunde (aus dem In- und Ausland) finden sich oft unter den Patienten wieder.
- Futtermittelunverträglichkeiten und -allergien
- Lang anhaltende Dysbiosen, die sowohl Auslöser sein können als auch Folgeerscheinungen.
- Chronischer Stress. In diesem Zusammenhang ist auch zu sehen, dass gerade auffallend nervöse und ängstliche Hunde häufig an IBD erkranken. Hierfür kann der bei Dauerstress hohe Cortisolspiegel verantwortlich sein.

Foto © Archiv M.John-Sauerstein

IBD verläuft in Schüben. Dazwischen gibt es immer völlig symptomlose Phasen.

PRAXISBERICHT:

Bobby ist ein zwölfjähriger Mischling, der seit einiger Zeit unter starken Verdauungsproblemen leidet. Er ist einer der wenigen meiner Patienten, bei denen die Diagnose mithilfe einer Magen-Darm-Spiegelung und Biopsie erstellt wurde. Bei ihm wurde ein stark entzündeter Zwölffingerdarm erkannt. Die Entzündung hat sich sowohl nach vorn in den Magen als auch in den Dickdarm ausgeweitet. Zurzeit hat er keine sichtbaren Verdauungsprobleme, aber immer wieder auffällige Schmerzen im Bauchraum, die ihn nicht zur Ruhe kommen lassen. Da alles andere ausgeschlossen werden kann, ist vermutlich der entzündete Darm der Schmerzauslöser.

Wie kann ich meinem Hund helfen?

Wir sehen immer wieder, dass alle Stoffwechselprozesse miteinander zusammenhängen. Nichts lässt sich isoliert betrachten. Ist der Darm nicht in Ordnung, kann sich das auf Magen, Bauspeicheldrüse, Galle und Leber ausweiten. Egal, wo die Erkrankung ihren Anfang nimmt oder wodurch sie ausgelöst wird, nur eine ganzheitliche Behandlung wird zur dauerhaften Verbesserung führen. Eine IBD ist nicht heilbar. Sie begleitet dich und deinen Hund sein Leben lang. Aber es gibt viele Möglichkeiten, die Krankheit so gut wie möglich zu kontrollieren.

Bei einer diagnostizierten oder vermuteten IBD sind folgende Schritte wichtig.

- Zuerst die akuten Probleme beseitigen, um dem Hund Erleichterung zu verschaffen. Du findest in diesem Buch viele Informationen und Hilfestellungen zu Durchfall, Sodbrennen oder Licky Fits.
- Es muss eine umfassende Darmanalyse gemacht werden. Das Ergebnis dieser Untersuchung ist der Wegweiser für die nächsten Schritte. Je nach Ergebnis der Kot-/Darmschleimhautuntersuchung muss ein Therapieplan erstellt werden.
- Die eventuell zugrunde liegenden Erkrankungen finden. Wenn der Auslöser zum Beispiel eine Futtermittelallergie ist, muss auf eine andere Fütterung umgestellt werden.
- Um den Darm zu entlasten, ist eine hohe Verdaulichkeit des Futters sehr wichtig.
- Stress reduzieren. Auch wenn sich der Zustand durch die Behandlung stabilisiert, ist Stress ein Hauptfaktor für das Auslösen neuer Schübe.

Einige potenzielle IBD-Patienten zeigen auch während der akuten Schübe, bis auf Durchfall und/oder Erbrechen, kein verschlechtertes Allgemeinbefinden. Aus diesem Grund wird ihre Erkrankung lange übersehen oder in Eigenregie behandelt. Das führt häufig zu viel schlimmeren Verläufen als nötig.

Deshalb achte bitte darauf: **Wenn Durchfall und Erbrechen immer wieder auftreten, ist irgendetwas im Verdauungsapparat deines Hundes grundlegend gestört.**

Und je länger du mit der Suche nach der Ursache wartest, desto mehr leidet dein Vierbeiner.

Schäferhunde gehören zu den Vierbeinern, die recht anfällig für Erkrankungen des Magen-Darm-Traktes sind.

Der löchrige Darm – Leaky-Gut-Syndrom

PRAXISBEISPIEL:

Hotte, ein großer Schäferhundmischling, leidet seit Jahren an Hautausschlägen und heftigem Juckreiz. Auch wenn sie damit nicht glücklich sind, haben seine Besitzer keine andere Wahl, als ihn dauerhaft mit Cortison zu behandeln. „Es tut mir so weh, wenn ich sehe, wie er leidet. Ich weiß auch nicht mehr, was ich ihm füttern soll. Wir haben schon so viele Sorten ausprobiert, aber es dauert nicht lange, dann kratzt er sich wieder. Ich habe das Gefühl, er verträgt überhaupt nichts mehr." Bei Hotte habe ich gleich vermutet, dass er an einem Leaky-Gut-Syndrom leidet. Oder dass es zumindest eines seiner Probleme ist. Eine Kotuntersuchung hat meine Vermutung auch sofort bestätigt. Die extreme Reaktion auf viele verschiedene Futtermittel ist wahrscheinlich die Folge des löchrigen Darms. Aber auch der Auslöser kann schon eine Allergie auf ein Futtermittel gewesen sein.

Leaky Gut bedeutet wörtlich übersetzt: löchriger Darm. Und von einem Syndrom spricht man, wenn sich mehrere Symptome zu einem Krankheitsbild „zusammenschließen". Leaky Gut ist also das gemeinsame Auftreten der immer gleichen Symptome, die medizinisch mit einem löchrigen beziehungsweise durchlässigen Darm in Zusammenhang gebracht werden.

Nehmen wir uns dieses Leaky-Gut-Syndrom mal etwas genauer vor. Wie musst du dir einen löchrigen Darm vorstellen? Löchrig wie ein Sieb? Nein, ganz so schlimm ist es zum Glück nicht, aber es geht schon in die Richtung.

Die Darmzellen haben die Aufgabe, alle benötigten Nährstoffe, Vitamine und Spurenelemente, die aus der Nahrung gewonnen werden, durch die Darmwand in den Organismus weiterzugeben. Die Darmzellen müssen also durchlässig sein.

Gleichzeitig muss der Darm verhindern, dass Krankheitserreger, giftige Stoffe oder Ähnliches in den Organismus gelangen. Für diese ungebetenen Gäste bleibt die Tür geschlossen. Sie dürfen vorne rein, müssen die Veranstaltung aber direkt an der Hintertür wieder verlassen. Für den dichten Zusammenhalt der einzelnen Darmzellen sind die Tight Junctions (enge Verbindungen) verantwortlich. Diese engen Verbindungen werden wiederum über unterschiedliche Signale dazu gebracht, den Zwischenraum zwischen den Zellen je nach Bedarf zu lockern oder fest zu verschließen. Wenn das ganze Team im Darm aufeinander eingespielt ist, funktioniert das auch. Die Darmschleimhaut muss gut aufgebaut sein und es müssen genügend „nützliche Bakterien" vorhanden sein. Schwächelt das System, bekommen auch die Tight Junctions nicht mehr die richtigen Anweisungen. So kommt es dazu, dass die Türsteher plötzlich auch Gäste hereinlassen, die gar nicht eingeladen sind. Ich denke, mit diesem kleinen Beispiel kannst du dir vorstellen, was mit einem „löchrigen Darm" gemeint ist.

Wenn die Darmzellen nicht mehr fest miteinander verbunden sind, gelangen plötzlich „Teilchen" in den Organismus, die normalerweise nicht dort hingehören. Unser Immunsystem reagiert auf diese Eindringlinge und versucht sie unschädlich zu machen. Bei diesen Eindringlingen handelt es sich aber nicht immer um Erreger, die tatsächlich bekämpft werden

Das Leaky-Gut-Syndrom

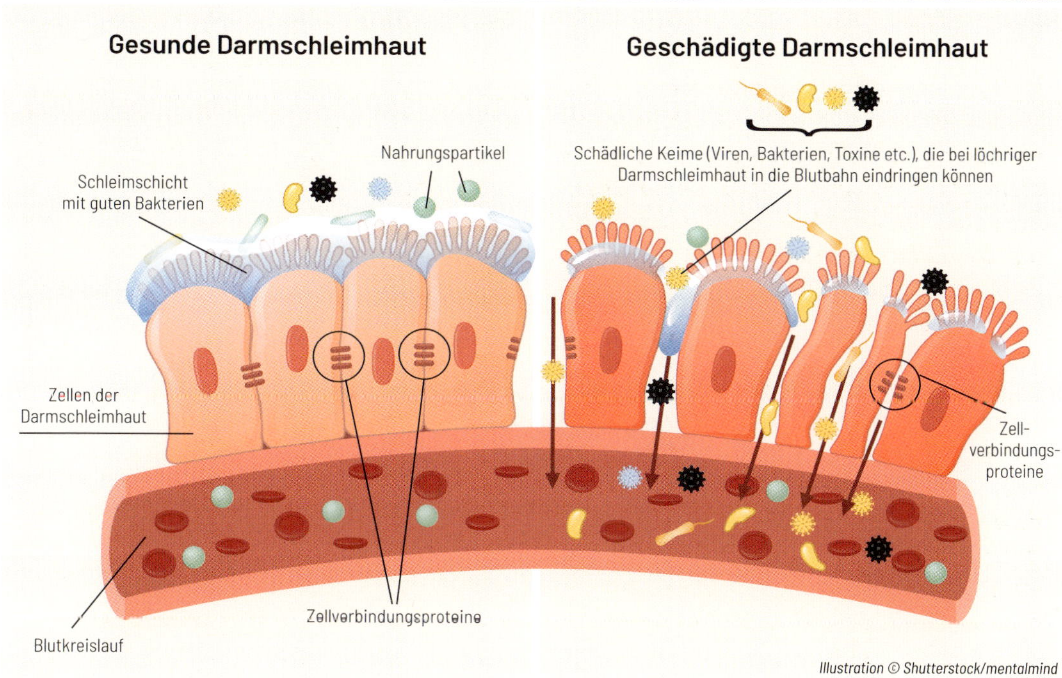

Illustration © Shutterstock/mentalmind

müssen. Häufig sind es nicht ausreichend verdaute Proteine, die die Darmwand in einem Zustand passieren, in dem sie vom Immunsystem nicht als Freund erkannt werden. Durch diese Immunreaktionen auf normale Nahrungsbestandteile kann der Grundstein für eine Futtermittelallergie gelegt werden. Das Krankheitsbild „Leaky Gut" ist noch längst nicht ausreichend erforscht, aber es wird als Auslöser vieler Erkrankungen diskutiert.

In der Labormedizin gibt es mittlerweile Möglichkeiten, den Zustand der Darmschleimhaut und die Verbindung der Darmzellen zu untersuchen. Das geht mit einer einfachen Kotuntersuchung. Häufig wird das deshalb nicht gemacht, weil die gesundheitlichen Folgen einer nicht intakten Darmschleimhaut in der Tiermedizin nicht ernst genommen werden und weil das Wissen über die Untersuchungsmöglichkeiten fehlt. Damit du weißt, ob dein Hund eventuell unter einem Leaky-Gut-Syndrom leidet, erfährst du jetzt etwas über die möglichen Symptome.

Die Verursacher des Leaky-Gut-Syndroms

Wie erwähnt: Es gibt viele unterschiedliche Auslöser. Und oft ist nicht eindeutig erkennbar, was die Ursache der Erkrankung, was die Folge ist. Häufig ist zum Beispiel ein starkes Ungleichgewicht in der Darmflora der Auslöser für ein Leaky-Gut-Syndrom. Gleichzeitig wird die Dysbiose als Folge eines durchlässigen Darms weiter verstärkt. Um zum Ziel zu kommen, musst du die Magen-Darm-Erkrankungen immer ganzheitlich betrachten.

Wenn der Darm durchlässig ist, sind diese Löcher von beiden Seiten „begehbar". Es können also nicht nur ungebetene Gäste in den Organismus gelangen, sondern auch Stoffe aus dem Körper in den Darm. Auch auf diesem Weg wird die Zusammensetzung der Darmflora beeinflusst. Es können zum Beispiel Proteine aus dem Organismus in den Darm übertreten und dort das Nahrungsangebot für die schlechten Bakterien erhöhen. Je besser ihre Ernährung ist, umso mehr können sie sich verbreiten und die Dysbiose verstärken. Auch Futtermittelunverträglichkeiten oder Allergien können ein Leaky-Gut-Syndrom auslösen, indem der Darm ständig durch Allergene gereizt wird. Genauso können sie aber auch eine Folgeerkrankung sein. Weitere mögliche Auslöser sind:

- Chronische Darmerkrankungen
- Dauerhafte Gabe von Medikamenten (besonders Antibiotika und schmerz- und entzündungsstillende Medikamente)
- Andauernder Stress
- Giardien (siehe Seite 65). Hier nur so viel: Bei vielen Hunden lösen sowohl die Giardien selbst als auch ihre medikamentöse Behandlung Darmschädigungen aus, die unbeachtet zu einem Leaky-Gut-Syndrom führen können.

So äußert sich ein Leaky-Gut-Syndrom

Leaky Gut gehört leider auch zu den Erkrankungen, die sich mit lauter unspezifischen Symptomen zeigen. Jedes einzelne Symptom könnte auch zu einer anderen Erkrankung gehören. Aber der Begriff Syndrom besagt, dass es bei diesem Krankheitsbild immer wieder zur Häufung bestimmter Symptome kommt.

- Durchfall
- Blähungen
- Müdigkeit
- Energiemangel
- Futtermittelunverträglichkeiten oder auch -allergien

Wenn dein Hund diese Symptome in Kombination zeigt, dann ist es möglich, dass er mit einer durchlässigen Darmschleimhaut zu kämpfen hat.

Wie unterstütze ich meinen Hund?

Ein Leaky-Gut-Syndrom kann man von außen nicht erkennen. Die einzelnen Symptome sind so unspezifisch, dass sie zunächst nicht auffallen. Wenn du bei deinem Hund das Gefühl hast, dass mehrere oder sogar alle Leaky-Gut-Symptome zusammenkommen, solltest du zunächst eine Kotuntersuchung veranlassen. Um eine eventuelle Durchlässigkeit des Darms zu erkennen, musst du das Regulator-Protein „Zonulin" bestimmen lassen. Kommt dieses Protein in großer Menge im Darm vor – die Höhe ist je nach Labor und seinen Referenzwerten unterschiedlich –, ist die Darmschleimhaut geschädigt und durchlässig. Für das Leaky-Gut-Syndrom kann ich dir leider keinen Behandlungsvorschlag machen, weil die Therapie von vielen verschiedenen Komponenten abhängig ist. Vor allem aber vom Auslöser. Wenn eine eventuell zugrunde liegende Erkrankung nicht behandelt wird, kann sich der Darm nicht erholen.

Für diesen Fall habe ich nur einen Tipp für dich: Wenn du ein Leaky-Gut-Syndrom bei deinem Hund vermutest, dann wechsle bitte nicht umgehend das Futter. Denn solange der Darm nicht saniert ist, kann ein Futterwechsel zu (weiteren) Unverträglichkeiten führen. Wenn es gar nicht anders geht, dann versuche vorübergehend, ein hydrolysiertes Futter zu füttern. Also ein spezielles Diätfutter, in dem die Proteine so stark zerkleinert sind, dass das Immunsystem sie nicht als Proteine erkennt und deshalb auch nicht überschießend reagiert. Du kannst auch auf Schonkost umstellen. Hier musst du dir überlegen, welche Fleischsorte sich eignet. Entweder entscheidest du dich für eine Fleischquelle aus deinem bisherigen Futter oder für eine Sorte, die dein Hund normalerweise verträgt.

Das weitere Vorgehen richtet sich dann nach der Kombination aus Verursacher und Symptomen. Bei den Magen-Darm-Erkrankungen muss man regelrecht detektivische Fähigkeiten entwickeln, um ihnen auf die Spur zu kommen.

Würmer und Giardien – Störenfriede im Darm

Alle Endoparasiten, die sich im Darm ihres Wirts aufhalten, können den Darm auch schädigen. Vor allem Würmer und Giardien sind hierbei zu nennen.

Bei Hunden mit einem geschwächten Darm muss das Für und Wider einer Wurmkur sorgfältig abgewogen werden.

Würmer

Einige Arten, wie zum Beispiel Haken- oder Peitschenwürmer, heften sich an die Darmschleimhaut und ernähren sich von Blut. Ein sehr häufiges Symptom für einen Wurmbefall ist dann Durchfall, teilweise auch blutig. Es kann auch zu Müdigkeit und Abmagerung kommen. Gefährlich sind die meisten Wurmarten hauptsächlich für Welpen, Junghunde und Hunde mit einem schwachen Immunsystem. Ausgewachsene Tiere, die über ein gutes Immunsystem verfügen, zeigen in den meisten Fällen keine oder nur leichte Symptome.

Trotzdem solltest du das Thema Würmer gut im Auge behalten. Denn Hunde, die schon einen geschwächten Darm haben, sind logischerweise anfällig und dementsprechend gefährdet. Ihr Immunsystem kann die Würmer nicht in Schach halten, und die Schäden, die die ungebetenen Gäste anrichten, machen diesen Hunden zusätzlich das Leben schwer.

Was den Darm aber genauso belastet, sind regelmäßige, prophylaktische Wurmkuren. Der üblicherweise empfohlene Wurmkurturnus, viermal pro Jahr im Abstand von drei Monaten, ist für die meisten Hunde mit einer chronischen Darmerkrankung eine Katastrophe. Eine

Foto © Archiv M.John-Sauerstein

Pferdeäpfel sind für die meisten Hunde äußerst schmackhaft.
Aber Achtung, sie können sich dabei leicht mit Würmern infizieren.

Wurmkur ist in der Lage, mithilfe von chemischen Inhaltsstoffen Lebewesen zu töten. Dass sie keinerlei Auswirkungen auf den Organismus des Hundes hat, ist kaum zu glauben.

Aber natürlich müssen gerade kranke Hunde besonders vor einem Wurmbefall geschützt werden. Das geht am besten zweigleisig.

- Mehrmals im Jahr eine Kur mit Kräutern als Ernährungszusatz, die im Darm ein Milieu schaffen, das den Würmern nicht gefällt. Sie siedeln sich nicht an und machen sich auf die Suche nach einem anderen Wirt. Die Wurmkräuter gibt es von unterschiedlichen Herstellern und werden von den Hunden normalerweise gut angenommen.
- Mindestens dreimal pro Jahr eine Kotprobe auf Parasiten untersuchen lassen. Wenn dabei tatsächlich ein positives Ergebnis herauskommt, kannst du deinen Hund gezielt entwurmen. Das ist wesentlich gesünder als vier Chemiekuren pro Jahr, von denen womöglich keine einzige nötig war. Auch wenn das auf den ersten Blick die teurere Variante ist, verhinderst du so wahrscheinlich viele Folgekosten. Wenn bei einem kranken Hund der ohnehin schon empfindliche Darm durch eine Wurmkur auch noch zusätzlich angegriffen wird, zieht das weitere Probleme nach sich.

Giardien

Giardien sind bei vielen Hunden, die an Magen-Darm-Problemen leiden, ein großes Thema. Denn leider ist eine Giardieninfektion im Welpenalter für viele Hunde der Startschuss in einen langen Krankheitsweg.

Giardien sind Einzeller, winzig kleine Erreger, die sich im Darm ihrer Wirtstiere aufhalten. Sie werden vom Hund als Zysten oral über die Umwelt aufgenommen und wandern direkt in den Dünndarm. Dort teilen sich die Zysten und es entstehen sogenannte Trophozoiten. In dieser Form heften sich die Giardien mit einer Art Saugnapf an die Darmschleimhaut an.

Um sich fortzupflanzen, teilen sie sich der Länge nach und es entstehen wieder Zysten, die mit dem Kot ausgeschieden werden. Hier schließt sich der Kreis. Diese Zysten sind infektiös und werden über das Schnüffeln am Hundekot oder verunreinigtes Wasser wieder aufgenommen. Im Kot können sie ungefähr eine Woche überleben. In kaltem Wasser bis zu drei Monaten. So erklärt sich auch die hohe Ansteckungsquote.

Giardien: eine Gefahr für junge Hunde

Giardien können den Darm angreifen und gerade bei Hunden, deren Immunsystem noch nicht ausgereift oder geschwächt ist, großen Schaden anrichten. Wenn sie in großer Menge auftreten, können sie die Darmfunktionen dermaßen beeinträchtigen, dass Entzündungen und eine gestörten Nährstoffaufnahme möglich sind. Das kann gerade bei Welpen und Junghunden lang anhaltende Folgen haben, die leider oft die Grundlage für chronische Verdauungsstörungen im Erwachsenenalter sind.

Es sind aber nicht nur die Giardien selbst, die den Hunden so zu schaffen machen. Auch die Behandlung setzt ihnen zu. In Deutschland sind zurzeit zwei Medikamente zur Behandlung bei einem Giardienbefall zugelassen. Der Breitbandwirkstoff gegen Würmer und Giardien, Fenbendazol, und das Breitbandantibiotikum Metronidazol. Fenbendazol hat keinen direkten Einfluss auf die Darmbakterien, wird aber häufig bei Medikamenten in Kombination oder nacheinander eingesetzt.

Junge Hunde infizieren sich leicht mit Giardien und haben oft lange mit den Folgen zu kämpfen.

Erwachsene Hunde mit einem intakten Immunsystem werden mit den ungebetenen Gästen normalerweise selbst fertig. Oft sind es deshalb Zufallsbefunde, die die Besitzer und Besitzerinnen dann in Angst und Schrecken versetzen. Grundsätzlich ist es aber wichtig zu wissen, ob dein Hund sich mit Giardien infiziert hat, denn ansteckend für andere Hunde (und auch Katzen) ist er dadurch auf jeden Fall.

Symptome einer Giardieninfektion

- Starker, übel riechender Durchfall, häufig mit Schleim und Blut
- Teilweise Erbrechen
- Appetitlosigkeit
- Unwohlsein, Müdigkeit
- Bauchschmerzen

Bei jungen Hunden, die sich mit Giardien infiziert haben, treten normalerweise auch die typischen Symptome auf. Außerdem leiden sie unübersehbar unter dieser Erkrankung. Erwachsene Hunde zeigen dagegen oft keinerlei Symptome. Sie sind aber trotzdem Überträger, weil auch symptomlose Tiere, die mit Giardien infiziert sind, die Erreger mit dem Kot ausscheiden. Giardien können über einen langen Zeitraum im Hund leben. Von der ersten Aufnahme bis zum letzten Ausscheiden können Monate bis Jahre vergehen.

Giardien-positiv – was ist zu tun?

Wenn es nur ein geringer Befall ist und dein Hund keine oder nur leichte Symptome zeigt, dann kannst du viel über die Ernährung machen. Denn die Giardien, die sich mit ihrem Saugfuß im Darm festgesetzt haben, holen sich ihre Nahrung aus dem Darminhalt, sie „fressen" quasi das Hundefutter mit. Ihre Leibspeise sind Kohlenhydrate. Die solltest du also vorübergehend aus dem Speiseplan streichen.

Allerdings sind Giardien nicht so spezialisiert, dass sie alle verhungern, wenn sie keine Kohlenhydrate ergattern können. Wenn es hart auf hart kommt, können sie zumindest teilweise auf andere Nahrungsquellen ausweichen. Trotzdem ist es sinnvoll, ihnen ihre wichtigste Nahrungsquelle zu entziehen.

Gleichzeitig solltest du die guten Darmbakterien mit Prä- und Probiotika versorgen, sie also mit lebenden Bakterien unterstützen und mit einer Nahrungsgrundlage, die sie satt macht. Denn wenn überhaupt keine Kohlenhydrate mehr gefüttert werden, verhungern die „guten" Bakterien gleich mit. Damit beginnt ein Teufelskreis, der am Ende den Giardien wieder zugutekommt.

Bei einer Giardieninfektion mit starken Symptomen, besonders wenn dein Hund noch sehr jung, alt oder krank ist, rate ich dir zu einer medikamentösen Behandlung. Wenn du einen Zufallsbefund hast, kannst du die Giardien auch alternativ behandeln. Es gibt unterschiedliche Anbieter von Kräuterkuren, die ich bei einem symptomlosen Hund auf jeden Fall bevorzugen würde.

Egal, wie du die Giardien behandelst, wichtig ist die Nachkontrolle durch einen erneuten Giardientest. Ich empfehle dir, für die Kontrolle keinen der handelsüblichen Antigen-Schnelltests zu nutzen. Bei diesen Tests kann es passieren, dass er positiv ausfällt, weil er auch die toten Giardien im Kot nachweist. Es gibt mittlerweile Labore, die den Kot auf sogenannte Teilungsproteine untersuchen. Diese Proteine entstehen nur, wenn Giardien aktiv sind und sich teilen. Es werden also nur lebende Giardien nachgewiesen.

Foto © Shutterstock/Albina Gavrilovic

Bei einer Giardien-Infektion sollte man auf Kohlenhydrate möglichst verzichten – auch auf Leckerchen.

3...

Gesunde Darmflora – das Wichtigste für den Hund

Darmgesundheit ist ein Wort, das mittlerweile so ziemlich jeder kennt. Aber kaum jemand weiß, warum die Darmgesundheit so wichtig ist. Die Erklärung ist ganz einfach: Im Darm sitzt der größte Teil unseres Immunsystems. Wenn der Darm nicht gesund ist beziehungsweise nicht in der Lage ist, seine Aufgaben richtig zu erfüllen, dann kann der Organismus auch nicht richtig gesunden. Ein schlecht aufgestellter Darm schwächt das Immunsystem. Und ein schwaches Immunsystem ist die geöffnete Tür für krank machende Keime und sonstige Störenfriede.

Außerdem ist die Darmgesundheit die Grundlage unserer Nährstoffaufnahme. Ein Organismus braucht Nährstoffe, um zu leben. Unsere Organe, unser Bewegungsapparat, unser gesamter Organismus ist von der ausreichenden Nährstoffversorgung abhängig. Jede einzelne Zelle will mit Nährstoffen versorgt werden. Nur dann kann sie die ihr zugewiesenen Arbeiten ordnungsgemäß verrichten. Werden die Nährstoffe zur Mangelware, kommen die geregelten Abläufe ins Stocken.

Das Thema Darmgesundheit hat aber auch noch eine andere Seite. Diese Seite hängt direkt mit dem Darm und seiner Verdauungsleistung zusammen und in vielen Fällen fangen die Probleme hier an. Wenn der Darm schwächelt, kann er auch seine verantwortungsvolle Arbeit als Verdauungsorgan nicht mehr ausführen.

Was zuerst da war, die Henne oder das Ei, werden wir nicht herausbekommen. Ob durch einen nicht funktionsfähigen Darm Erkrankungen entstehen oder ob die Erkrankungen den Darm in Mitleidenschaft ziehen, ist meistens kaum zu ergründen. Sicher ist aber, dass sich beides gegenseitig beeinflusst.

Der Darm und das Immunsystem

Unser Immunsystem sitzt im Darm. Ich glaube, diesen Satz haben viele schon so oder abgewandelt gehört. Ist das denn tatsächlich so? Ist das Immunsystem nicht irgendetwas wenig Greifbares, das überall und nirgends sitzt? Bevor ich mich mehr mit dem Thema beschäftigt habe, war das auch meine Vorstellung.

Tatsächlich aber hat das Immunsystem eine Art Zentrale, in der 70 Prozent seiner

Foto © Shutterstock/el-ka

Vitalität und Darmgesundheit sind untrennbar miteinander verbunden.

Mitarbeiter tätig sind. Und dieses Zentrum sitzt im und am Darm. Es legt sich wie ein Gespinst aus unterschiedlichen Fasern um unseren Darm oder den unserer Hunde herum. Hier, wo alle Einflüsse von außen ankommen, trainiert das Immunsystem heimlich seine Fähigkeiten. Es lernt, zwischen Freund und Feind zu unterscheiden. Denn niemand anders als das Immunsystem ist dafür verantwortlich, dass unsere Hunde krank werden oder auf eigentlich harmlose Stoffe überzogen reagieren. Wie aber entstehen diese „hysterischen" Reaktionen und wie trainiert das Immunsystem?

Damit wir nicht allen belastenden Stoffen hilflos ausgeliefert sind, gibt es die sogenannte Darmbarriere. Sie ist ein wichtiger Bestandteil unseres ausgeklügelten Immunsystems. Die Darmbarriere ist in drei Schichten aufgebaut.

Ganz innen im Darm sitzen die Bakterien. Sie produzieren die kurzkettigen Fettsäuren, die die Darmzellen als Energiequelle brauchen. Diese Säuren optimieren den pH-Wert und schaffen dadurch das optimale Wellnessklima für unsere nützlichen Bakterien. Außerdem sorgen sie mit ihrer großen Anzahl dafür, dass für die schlechten Bakterien kein Plätzchen mehr frei ist. Das nennt sich Kolonisationsresistenz.

Jetzt machen wir einen kleinen Sprung zum äußeren Teil der Darmbarriere, zur Darmwand. Diese Wand besteht nur aus einer Zellreihe, ist also relativ dünn. Ihre einzelnen Zellen sitzen aber dicht nebeneinander und sind durch die Tight Junctions verbunden, die die einzelnen Zellen wie Wäscheklammern fest aneinanderhalten. Im Normalfall ist hier für Fremdkeime kein Durchkommen. Die Darmzellen nutzen die kurzkettigen Fettsäuren als Energiequelle und produzieren Schleim.

Dieser Schleim wird von der Darmschleimhaut gebildet, die sich schützend vor die Darmwand legt und auf der sich unsere nützlichen Bakterien in großer Zahl ausbreiten. Zusammen bilden diese drei Bereiche ein Bollwerk gegen Eindringlinge. Hier werden nur geladene Gäste, die Nährstoffe aus dem Futter, hindurchgelassen. Sollte sich doch mal jemand durchschummeln, wird er auf der anderen Seite von der „Security" eingesammelt und unschädlich gemacht. Dafür sitzt um den Darm herum das dichte Netz der Immunzellen. Ohne die Darmbarriere wären diese Zellen ununterbrochen im Einsatz und schnell überfordert. Wie es dann aussehen könnte, erfahrt ihr ab Seite 76.

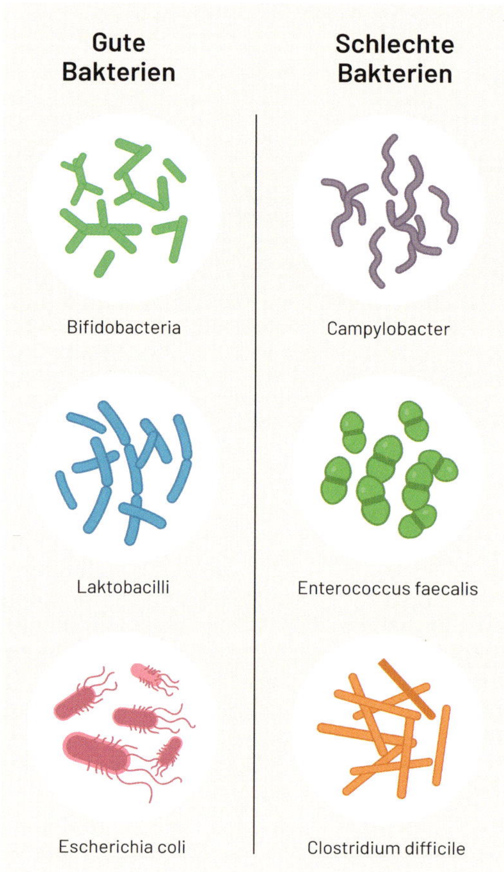

Illustration © Shutterstock/Andrii Bezvershenko

Diese Bakterien finden wir im Darm

Wir haben die Darmbakterien bisher immer in gute und schlechte Bakterien unterschieden. Wenn du eine Kotprobe deines Hundes im Labor untersuchen lässt, steht auf dem Befund aber nicht „gut" oder „schlecht". Das liegt zum einen daran, dass die schlechten Bakterien nicht grundlegend schlecht sind, sondern nur dann schaden können, wenn sie sich stark vermehren. Zum anderen aber auch daran, dass die Bakterien noch weitere Unterscheidungsmerkmale haben, die für die Laboruntersuchungen relevanter sind.

Der größte Teil der Darmbakterien besteht aus anaeroben Keimen. Das sind Keime, die sich nur unter Sauerstoffabschluss vermehren können. Es gibt ein paar Ausnahmen unter diesen Keimen, die etwas flexibler sind. Sie sind dem Sauerstoff gegenüber einigermaßen tolerant und vermehren sich auch in seiner Anwesenheit.

Dann gibt es noch die aeroben Darmkeime, die den Sauerstoff zur Vermehrung benötigen. Die Anzahl dieser Bakterien zu messen ist natürlich einfacher.

Zusätzlich unterscheiden die Labore noch, ob es sich um pathogene oder obligatorisch pathogene Keime handelt. Mit dem Begriff pathogene Keime sind Krankheitserreger gemeint. Obligatorisch pathogene Keime können krank machen, müssen aber nicht. Gerade bei diesen Erregern ist es deshalb wichtig, sie immer im Zusammenhang mit den aufgetretenen Symptomen zu bewerten. Unter den nützlichen Bakterien sind vor allem folgende zu nennen:

Escherichia coli

Der E. coli ist ein aerober Keim und wohl unser bekanntester Darmkeim. Er kommt sowohl im menschlichen als auch im tierischen Darm vor. Der E. coli ist Mitglied einer Großfamilie, gehört zur natürlichen Darmflora und sollte dementsprechend immer in ausreichender Anzahl vorhanden sein. Die meisten Mitglieder der E.-coli-Familie sind ungefährlich. Es gibt aber auch einige Vertreter, die Ärger machen können und Krankheiten auslösen.

Grundsätzlich haben die E. coli mehrere wichtige Funktionen im Darm. Sie erzeugen zum Beispiel die wichtigen kurzkettigen Fettsäuren. Außerdem bilden sie keimtötende Stoffe, mit deren Hilfe die krank machende Wirkung einiger anderer Bakterien verhindert werden kann. Zusätzlich beteiligen sich die vielseitigen Bakterien auch noch an der Bildung von Vitamin K und einigen B-Vitaminen.

Enterokokken

Die Enterokokken sind aerobe Bakterien, die wie die E. coli Sauerstoff benötigen, um sich zu vermehren. Deshalb ist auch ihre Anzahl im Labor unter normalen Bedingungen gut messbar. Sie sind ein wenig sensibel. Wenn sich die Dickdarmflora und der pH-Wert verschieben, gehören sie zu den Ersten, die verschwinden. Genau wie die E. coli produzieren sie kurzkettige Fettsäuren. Diese Fettsäuren senken den pH-Wert im Dickdarm und schaffen dadurch ein ungemütliches Milieu für eventuell eingedrungene Keime.

Lactobacillus

Auch die Laktobazillen gehören zu den Bakterien, die keinen kompletten Sauerstoffabschluss brauchen und deshalb unter Laborbedingungen messbar sind. Laktobazillen sind sehr weit verbreitet und kommen bei unseren Hunden im Dünn- und Dickdarm vor. Sie gehören zur normalen Darmflora und haben vielfältige Aufgaben im Darm. Ganz wichtig für den Organismus ist zum Beispiel ihre Funktion als Hersteller von sogenannten Bacteriocinen. Das sind Eiweiße, die die Vermehrung von anderen, nicht erwünschten Bakterien verhindern. Diese bakterienhemmende Wirkung wird auch von der Lebensmittelindustrie genutzt. Hier werden die Laktobazillen eingesetzt, um die Haltbarkeit von Nahrungsmitteln zu erhöhen.

Laktobazillen verstoffwechseln nur Kohlenhydrate und haben sich hierbei auf die Ballaststoffe spezialisiert. Dabei entstehen die wichtigen kurzkettigen Fettsäuren. Laktobazillen mögen es gern sauer. Wenn der pH-Wert ansteigt, wird es ihnen schnell ungemütlich und sie verschwinden.

Bifidobakterien

Bifidobakterien sind, genau wie die Laktobazillen, auf das Verstoffwechseln von Ballaststoffen spezialisiert. Sie kommen im Dünn- und Dickdarm vor und sind wichtige Produzenten von kurzkettigen Fettsäuren. Weil sie normalerweise in großer Menge vorhanden sind, sind sie auch ganz vorn mit dabei, wenn es darum geht, den schlechten Bakterien die Plätze streitig zu machen.

Bacteroides

Die Hauptaufgabe dieser Bakterien ist es, sich so gut wie möglich auszubreiten. Sie sind nicht nennenswert am Stoffwechsel beteiligt, aber ein wichtiger Bestandteil, wenn es um die Kolonisationsresistenz geht. Dadurch, dass sie in großer Zahl im Darm leben, nehmen sie den schlechten Bakterien den Platz weg.

Es gibt natürlich noch deutlich mehr nützliche Bakterien, aber ich beschränke mich hier auf die fünf Hauptakteure in dieser Gruppe. Das hat zwei Gründe:

1. Das sind die Keime, deren Anzahl in einem Darmflora-Screen/Kotflora-Screen gemessen wird.
2. Diese Keime können wir fast alle (bis auf Bacteroides), im Falle eines Mangels, mit Nahrungsergänzungen zugeben.

Gerade der letztgenannte Punkt ist sehr wichtig für eine eventuelle Therapie. Es gibt nur wenige Bakterien, die sich mithilfe von Probiotika „auffüllen" lassen. Auch wenn der Begriff nicht ganz richtig ist, kann man die Darmflora auf jeden Fall durch das Zufüttern unterstützen.

Eine Darmsanierung kann sehr langwierig sein. Für diesen Prozess brauchen Hund sowie Besitzer oft einen langen Atem.

Tendenziell unerwünschte Darmkeime

Jetzt nehmen wir uns die Keime vor, die wir im Darm unseres Hundes nicht haben möchten. Viele von ihnen sind sogenannte passagere Keime oder – anders ausgedrückt – Keime auf der Durchreise. Sie kommen von außen über die Nahrung in den Körper, aber auch durch Schnüffeln an fremden Häufchen, an toten Tieren oder anderen eher unschönen Dingen. Manche der aufgenommenen Keime überstehen die Magensäure und schaffen es bis in den Darm.

Eine intakte Darmflora sorgt dafür, dass diese Keime sich nicht ansiedeln, sondern wirklich durchreisen. Hierbei ist es wichtig, dass sich genügend gute Bakterien im Darm befinden und alle Plätze eingenommen haben. Das Ganze nennt sich Kolonisationsresistenz. Wenn die Fankurve im Stadion mit echten Fußballfans besetzt ist, ist für Hooligans kein Platz. Den schlechten Keimen bleibt dann nur die Hoffnung auf einen neuen Start in einem anderen Hund.

Die Erreger, die ich dir jetzt beschreibe, sind nicht automatisch schlecht. Sie sind sogar Bestandteil der normalen Darmflora. Sie sollen sich aber nicht ausbreiten, zumindest nicht in großer Menge. Denn wenn sie die Möglichkeit haben, sich im Darm zu vermehren, können sie auch Schaden anrichten.

E.-coli-Varianten

Zu den E.-coli-Varianten gehören diejenigen Mitglieder der großen E.-coli-Familie, die wir nicht so gern in großer Menge unter den Darmbewohnern haben. Sie ernähren sich hauptsächlich von Proteinen, und durch ihre Stoffwechseltätigkeit steigt der pH-Wert so an, dass es für die nützlichen Bakterien sehr ungemütlich wird.

Die Folge einer hohen Belastung mit E.-coli-Varianten sind zum Beispiel starke Blähungen und Durchfall.

Clostridien

Clostridien sind von vielen Hundebesitzern gefürchtet. Aber sind sie tatsächlich so gefährlich? Es gibt viele verschiedene Clostridien-Arten und die meisten sind eher harmlose Vertreter. Bei uns und unseren Hunden gehören die Clostridien sogar zur normalen Darmflorabesiedelung. Sie sind also immer da, auch wenn sich daraus für uns kein wirklicher Nutzen erkennen lässt.

Einige Clostridien-Arten geben Toxine (Giftstoffe) ab, die starken Durchfall verursachen. Außerdem können diese Gifte die Darmschleimhaut so stark schädigen, dass es zu einer Darmentzündung bis hin zu einer durchlässigen Darmbarriere kommen kann. Diese Infektionen kommen nur selten vor. Damit sich Clostridien so stark vermehren können, muss der Darm schon vorab geschädigt sein. Eine intakte Darmschleimhaut lässt eine solche Ausbreitung nicht zu.

Clostridien sind häufig die Reaktion auf eine Antibiotikabehandlung. Eine Antibiose vernichtet leider nicht nur die schädlichen Keime, sondern auch die nützlichen Bakterien im Darm. Nach einer Behandlung mit Antibiotika ist es deshalb immer ratsam, die Darmbakterien zu unterstützen, damit sie sich wieder ansiedeln können. Wenn wir das nicht machen, überlassen wir anderen Bakterien das Feld. In diesem Fall den Clostridien, die häufig Nutznießer von antibiotischen Behandlungen sind und das frei gewordene Terrain besetzen. Denn auch Clostridien ernähren sich von Proteinen. Zusätzlich freuen sie sich über Fette und im Notfall sogar über Kohlenhydrate.

Ein negativer Effekt dieser Anhäufung von schlechten Keimen ist die Änderung des Darmmilieus. Nicht nur, dass den guten Bakterien jetzt der Platz streitig gemacht wird. Der ansteigende pH-Wert erschwert ihnen die Wiederansiedelung noch zusätzlich.

Foto © Archiv M.John-Sauerstein

Clostridien profitieren von schwer verdaulichen Proteinen, die im Dünndarm nicht ausreichend verdaut werden und deshalb in großer Menge im Dickdarm ankommen.

Staphylokokken

Auch Staphylokokken sind Keime, die zur normalen Keimflora von Menschen und Tieren gehören. Wir finden sie normalerweise in den oberen Luftwegen und auf der Haut. Bei Hunden, die gleichzeitig mit Darm- und Hautproblemen zu kämpfen haben, sollten sie deshalb auf jeden Fall mit in Betracht gezogen werden.

Es gibt auch Staphylokokken-Stämme, die über Nahrungsmittel aufgenommen werden können. Es ist möglich, dass sie Erbrechen und Durchfall auslösen.

Streptokokken

Streptokokken gehören ebenfalls zur normalen Besiedelung der Darmflora, zumindest ein Teil von ihnen. Bei einem Darmflora-Screen werden sie gemeinsam mit den Enterokokken gezählt, weil sie von ihrer Gestalt und ihren Aufgaben nicht von den Enterokokken unterschieden werden können. Bei Kotuntersuchungen von Hunden mit chronischer Darmentzündung findet sich häufig eine spezielle Streptokokken-Spezies: die **β-hämolysierenden Streptokokken**. Ob sie zu den Auslösern dieser Entzündungen zählen oder eine Folgeerscheinung sind, ist nicht geklärt.

Candida

Candida albicans ist ein Hefepilz. Es wird seit Langem diskutiert, ob Hefepilze zur normalen Darmflora gehören oder nicht. Überwiegend wird diese Frage verneint. Sie werden zwar auch bei gesunden Menschen und Tieren gefunden, aber hier sind sie als „Keime auf der Durchreise" zu betrachten. Sie werden über die Nahrung aufgenommen, wandern einmal durch den Verdauungstrakt und verabschieden sich dann wieder.

Pilzerkrankungen sind Sekundärerkrankungen: Nur wenn der Pilz ein geschädigtes Terrain vorfindet, in unserem Fall eine geschädigte Darmschleimhaut, kann er sich ansiedeln und vermehren. In allen anderen Fällen ist er nur ein Durchläufer. Im Kot nachweisbar ist er trotzdem, wenn wir zum passenden Zeitpunkt die Kotprobe einsammeln und einschicken. Wie du bei einem positiven Befund weiter vorgehst, hängt von der nachgewiesenen Menge und vor allem vorhandenen Symptomen ab.

Candida ernähren sich von schnell verwertbaren Kohlenhydraten: also Zucker in allen Formen. Zu den Symptomen eines Candida, der überhandgenommen hat, zählen vor allem Blähungen und Durchfall. Bei sehr empfindlichen Hunden kann sich die Pilzinfektion auch auf die Haut ausweiten.

In stehenden Gewässern können sich Hunde leicht mit Keimen infizieren.

Wenn die Darmflora ins Straucheln kommt

Wir wissen jetzt, welche Bakterien sich bevorzugt als Großfamilie in der Darmflora aufhalten sollten. Was passiert nun, wenn sich die bakterielle Zusammensetzung ändert und das ganze Gefüge aus dem Tritt kommt?

Diese Veränderungen kommen schleichend und die Anzeichen sind zunächst selten auffällig. Symptome treten auf, die vorher nicht da waren. Oft werden sie isoliert betrachtet und gar nicht mit dem Darm und seiner Funktionsfähigkeit in Zusammenhang gebracht. Die Ohren sind ein gutes Beispiel dafür. Die Ohrenentzündung als Ausdruck einer Futtermittelallergie ist mittlerweile recht bekannt. Dass letzten Endes die gestörte Darmgesundheit der Auslöser für das Problem sein kann, wissen die wenigsten. Deshalb werden gerade Ohrenerkrankungen sehr lange mit Salben, Tropfen, Cortison und Antibiotika behandelt. Durch diese Behandlungen kommt es immer zu kurzzeitigen Besserungen, die in den wenigsten Fällen lange anhalten. Im Gegenteil, häufig verschlechtert sich der Zustand des Darms dabei sogar noch und die Aussicht auf andauernde Heilung wird immer geringer.

Wenn der Darm ins Straucheln gerät, zieht er den Rest des Organismus mit. Vielleicht nicht sofort, aber nach und nach. Genau aus diesem Grund ist das Thema Darmgesundheit so wichtig.

Entzündung in der Darmschleimhaut

Sehr oft werden bei Verschiebungen im Mikrobiom nur Bakterien zur Therapie eingesetzt, die die entstandenen Löcher in der Darmflora wieder auffüllen sollen. Es werden also Probiotika verordnet, die die Bakterienflora im Darm unterstützen sollen. Bei einem leichten Ungleichgewicht ist dieses Vorgehen in Ordnung. Bei schwerwiegenderen Problemen funktioniert das meistens nicht. Weil Probiotika aus lebenden Bakterienstämmen bestehen, erfüllen sie trotzdem ihren Zweck. Während ihrer Verweildauer im Darm verstoffwechseln sie die ankommenden Ballaststoffe und produzieren die dringend benötigten Fettsäuren. Ansiedeln und vermehren können sie sich so nicht. Damit das passieren kann, muss erst die Ursache der Dysbakterie erkannt und behandelt werden.

Foto © Archiv M.John-Sauerstein

Auch ein Zuviel an salzigem Meerwasser kann zu Magenproblemen führen.

Das Zufüttern teurer probiotischer Nahrungsergänzungen hilft also nichts, wenn den Bakterien die Lebensbedingungen nicht passen. Sie verlassen den Darm schnell wieder und ihre unterstützende Wirkung tritt nur in dem Zeitraum auf, in dem sie täglich neu zugefüttert werden. Beendet man die Probiotikatherapie, kehrt das alte Problem zurück, weil sich niemand um die eigentliche Ursache gekümmert hat.

Viele unterschiedliche Einflüsse machen dem Darm zu schaffen. Angefangen bei Antibiotika oder anderen Arzneimitteln bis hin zu allen möglichen Keimen, die er abfangen muss. Eigentlich ist der Darm gut darauf eingestellt, es ist schließlich eine seiner Hauptaufgaben. Aber je nachdem, wie stark und wie anhaltend die Belastungen sind, kann er sich irgendwann gegen den Dauerbeschuss nicht mehr wehren.

Es kommt zu Verdauungsstörungen und Entzündungen der Darmschleimhaut. Eine entzündete Schleimhaut kann ihre Aufgaben nur noch teilweise oder auch gar nicht mehr erfüllen. Vielleicht hat dein Hund noch keinen Durchfall, kleine Veränderungen wirst du wahrscheinlich dennoch bemerken.

- Plötzlich ist dein Hund etwas mäkelig und will nicht mehr alles fressen.
- Vielleicht frisst er häufig Gras, wenn du mit ihm rausgehst.

- Du hast das Gefühl, dass er sich unwohl fühlt, vielleicht Bauchschmerzen hat.
- Die Kotkonsistenz ist auf einmal wechselhaft und vielleicht auch schleimig.

Über die Auslöser solcher Entzündungen hast du hier im Buch schon viel gelesen. Es sind immer wieder die üblichen Verdächtigen und die gleichen Abläufe. Wenn das empfindliche Gleichgewicht im Darm gestört wird, hat das Folgen und bereitet den Boden für Keime, die von dem Ungleichgewicht profitieren.

Clostridien (siehe x 74 f.) gehören etwa zu den Nutznießern von Antibiotikabehandlungen. Im Anschluss an eine solche Behandlung sind viele der guten Bakterien „mitbehandelt" und auch verschwunden. Das Klima im Darm ändert sich und die recht unempfindlichen Clostridien können sich leicht vermehren. Sie nehmen den Platz ein, der vorhanden ist, und heben durch ihre hauseigene Stoffwechseltätigkeit den pH-Wert so weit an, dass es den nützlichen Bakterien fast unmöglich gemacht wird, sich wieder anzusiedeln.

Futtermittelallergien und Darmgesundheit

Ein weiterer wichtiger und häufiger Auslöser von Darmerkrankungen sind Allergene. Warum bei manchen Hunden Allergien auftreten und bei anderen nicht, ist noch lange nicht ausreichend erforscht. Wir wissen aber, dass die Darmbarriere eine wichtige Rolle bei der Entstehung von Allergien spielt. Wenn ihre Funktion als Schutzwall löchrig wird, sprechen wir vom Leaky-Gut-Syndrom. Funktioniert die Absperrung durch die Darmbarriere nicht mehr, sind die Zellen des Immunsystems permanent gefordert. Sie müssen jetzt ununterbrochen arbeiten und den Organismus gegen Eindringlinge verteidigen. Wer so unter Stress steht, macht Fehler. Das irritierte Immunsystem hat seinen wichtigsten Verbündeten, die intakte Darmbarriere, verloren und reagiert kopflos. Es kommt zu überschießenden Reaktionen auf eigentlich harmlose Stoffe.

Wenn es gleichzeitig auch noch Verdauungsstörungen durch andere zugrunde liegende Erkrankungen gibt, kann sich das Problem noch verstärken. Unverdaute Nahrungsbestandteile im Team mit einem löchrigen Darm sind das Worst-Case-Szenario für das Immunsystem.

Unsere Hunde haben plötzlich mit Allergien zu kämpfen, die hauptsächlich deshalb entstehen konnten, weil der Darm seine Barriere als Schutzfunktion nicht mehr aufrechterhalten kann. An welchen Stellen sich die Auswirkungen zeigen, ob als Darmproblem mit Durchfall, als Hautausschlag oder Ohrenentzündung, ist von Hund zu Hund verschieden. Auch Hunde haben, wie wir Menschen, individuelle Schwachstellen.

Eine Darmentzündung kann der Auslöser einer Allergie sein, die der Auslöser einer Darmentzündung sein kann: Klingt verwirrend, heißt aber nur, dass sich dieses System selbst am Leben halten kann. Und dass wir oft nicht wissen, was zuerst da war.

Denn Schleimhäute können sich genauso entzünden wie anderes Gewebe im Organismus. Sie zeigen auch dieselben Reaktionen, werden heiß, rot und schwellen an. Das passiert auch mit der Darmschleimhaut, wenn sie sich entzündet. Und genauso wie bei anderen allergischen Geschehen im Organismus gelangen Allergene von außen in den Darm und lösen dort eine überschießende Reaktion des Immunsystems aus. Die Darmschleimhaut entzündet sich. In diesem Zustand ist sie nur noch teilweise in der Lage, die nötigen Verdauungsvorgänge am Laufen zu halten. Dieses Durcheinander nutzen wiederum Bakterien, die sich dort sonst nicht ansiedeln können. Die Darmbarriere beginnt zu schwächeln und wird durchlässig. Diese Kombination von entzündeter Darmschleimhaut und verschobener Darmflora hat zur Folge, dass Nahrungsmittel nicht mehr ordentlich aufgeschlossen werden können. Die ankommenden Proteine werden nicht mehr in ihre kleinsten Bestandteile zerlegt, weil der Darm dafür keine Kapazitäten mehr hat.

Der mittlerweile recht durchlässige Darm kann den Durchtritt von diesen größeren Proteinteilchen nicht mehr verhindern. Sie gelangen ungehindert durch die Darmwand und treffen dort auf die Immunzellen. Der erste Kontakt zwischen dem Allergen und dem Immunsystem ist noch unproblematisch. Aber er versetzt die Immunzellen in höchste Alarmbereitschaft. Beim zweiten Kontakt ist das Immunsystem vorbereitet und es kommt zu den bekannten allergischen Reaktionen. Hauptauslöser für Allergien sind Proteine, allen voran die tierischen Eiweiße von Huhn, Rind und Lamm. Das ist natürlich nur rein statistisch so und gilt nicht für jeden Hund. Manche vertragen Rind und Huhn hervorragend, dafür aber kein Pferde- oder Putenfleisch. Beim Getreide sieht es ähnlich aus. Viele Hunde reagieren auf Weizen und Mais, andere wiederum auf Reis oder Hirse.

Im Falle einer Darmentzündung in Verbindung mit einem Leaky-Gut-Syndrom besteht die Gefahr, dass bei jedem Futterwechsel weitere Allergien entstehen. Deshalb ist es hier besonders wichtig, die Entzündung der Darmschleimhaut zu therapieren. Nur so können sich die Zellen wieder fest miteinander verbinden und das Immunsystem entlasten.

Falls du eine Futtermittelallergie als Auslöser der Darmprobleme deines Hundes vermutest, solltest du eine mindestens sechswöchige Ausschlussdiät machen. Da das Ganze wesentlich leichter mit Unterstützung geht, empfehle ich dir, hierbei die Hilfe einer Ernährungsberatung in Anspruch zu nehmen.

WICHTIG ZU WISSEN

Grundsätzlich solltest du, wenn dein Hund unter einer Futtermittelallergie leidet folgende beiden Punkte beachten:

- Zuerst muss der Darm therapiert werden,
- erst danach ist ein Futterwechsel sinnvoll.

Juckreiz ist häufig Anzeichen für eine Unverträglichkeit.

Foto © Shutterstock/Happy monkey

Wenn ein Futterwechsel unvermeidlich ist, ist es während der Zeit der Darmsanierung am besten, auf selbst gekochte Schonkost oder Spezialfutter für Allergiker umzustellen. In diesen Futtersorten werden die Eiweiße in so kleine Teilchen zerlegt (hydrolysiert), dass der Organismus sie nicht mehr als Protein erkennt. Normalerweise kommt es dann zu keinen weiteren allergischen Reaktionen.

Für Hunde, die unter Allergien leiden, ist die Darmgesundheit besonders wichtig. Ein gesunder Darm kann eine Allergie nicht heilen (oder nur sehr selten), aber er kann verhindern, dass sich immer mehr Unverträglichkeiten und Allergien dazugesellen. In diesem Zusammenhang ist auch noch wichtig, dass es sehr unterschiedlich ist, wie lange es dauert, bis ein Hund auf ein neues Futter reagiert. Es gibt die sogenannte Schwellentheorie, nach der jedes Individuum seine eigene „Belastungsgrenze" hat. Erst wenn diese Schwelle überschritten ist, kommt es zur Reaktion. Das „Tüpfelchen auf dem i", das das Fass zum Überlaufen bringt, muss nicht das letzte Stückchen Hühnerfleisch sein. Es kann auch die beginnende Läufigkeit, psychischer Stress oder einfach eine OP-Narkose sein.

Impfungen und Wurmkuren

Impfen und Entwurmen ist ein sensibles Thema, das immer wieder diskutiert wird. Ob und wie oft ein Hund geimpft oder entwurmt wird, darf jeder Hundebesitzer selbst entscheiden. Es gibt keine Impfpflicht für Hunde und auch keine vorgeschriebenen Entwurmungszyklen. Grundsätzlich sollte aber gelten: So viel wie nötig – so wenig wie möglich.

Ganz besonders gilt das für kranke Hunde. Und damit meine ich alle kranken Hunde, nicht nur die Magen-Darm-erkrankten. Weder Impfungen noch Wurmkuren zerstören die Darmflora. Sie sind dennoch eine große Belastung für das Immunsystem. Ein Hund, der mit Darmproblemen zu kämpfen hat, kann durch eine Impfung oder Wurmkur, die zum Beispiel Durchfall auslöst, in große Not geraten.

Aber ... jetzt kommt das große „Aber": Ein Parasitenbefall kann einen darmgeschädigten Hund genauso schwer treffen. Deshalb kann man die Frage nach Sinn und Zweck von Wurmkuren nicht pauschal beantworten. Hier musst du individuell für deinen Hund

Foto © Archiv M.John-Sauerstein

Mit Impfungen und Wurmkuren muss man bei Magen-Darm-Patienten sehr sensibel umgehen.

entscheiden. Für die meisten darmkranken Hunde sind regelmäßige Wurmkuren ein großes Problem. Ist dein Hund aber an Würmern erkrankt, dann musst du auf jeden Fall handeln. Denn ein schon entzündeter Darm kann den Würmern nichts entgegensetzen. Wie du deinen Hund vor Würmern schützen kannst, ohne alle drei Monate zu entwurmen, habe ich auf Seite 65 beschrieben.

Bei den Impfungen sieht es etwas anders aus. Auf jedem Beipackzettel der Impfstoffe steht, dass sie nur bei gesunden Hunden angewendet werden sollen. Wir Menschen werden (eigentlich) auch nur geimpft, wenn wir gesund sind. Denn die Belastung des Immunsystems durch eine Impfung ist groß. Wer ohnehin schon krank ist, braucht das nicht noch obendrauf. Leider bekommen wir diese Beipackzettel nie zu sehen. Mithilfe des Aufklebers im Impfausweis ist es aber relativ leicht möglich, diese Informationen im Internet ausfindig zu machen.

Wenn es dir wichtig ist, deinen Hund regelmäßig impfen zu lassen, dann versuche die Impfungen auf das nötige Minimum herunterzuschrauben. Die StIKo Vet (Ständige Impfkommission Veterinärmedizin) gibt regelmäßig Impfleitlinien für Kleintiere heraus, die nach den neuesten Erkenntnissen getroffen werden. Wenn du dir diese Impfempfehlungen durchliest, wirst du leicht erkennen, welche Impfungen für deinen Hund wichtig sind. Mittlerweile werden nur noch wenige Impfungen als wichtig erachtet. Manchmal kann man das Ganze auch entzerren, indem nicht alles in einer Kombi-Impfung injiziert wird, sodass dein Hund eine Impfung, die mindestens drei Jahre wirkt, auch nur im Mindestabstand von drei Jahren erhält. Und nicht, durch geschickte Kombination von Impfstoffen, im jährlichen Rhythmus.

In den aktuellen Impfleitlinien der StIKo VET, Stand 01/2021, werden folgende Impfungen als wichtig für jeden Hund empfohlen: Staupe, Parvovirose, Leptospirose.

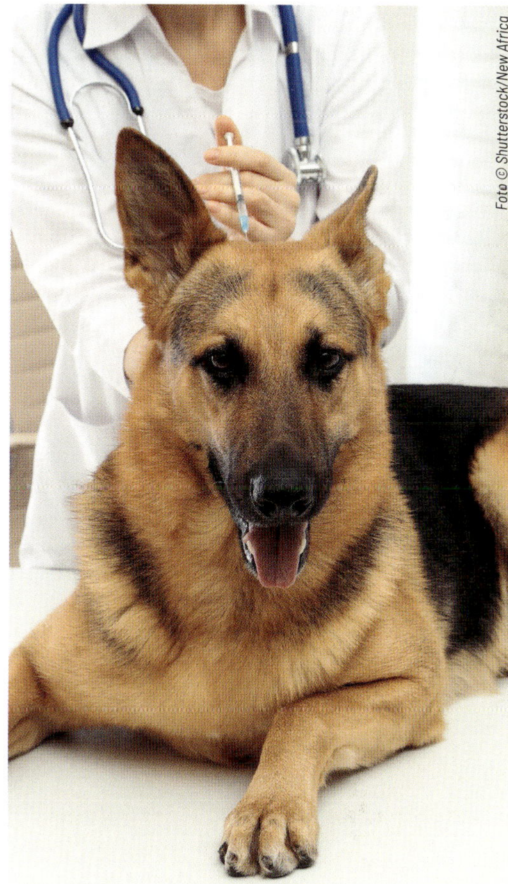

Beim Impfen gilt: so viel wie nötig – so wenig wie möglich.

Dabei ist zu beachten, dass Staupe und Parvovirose nach erfolgter Grundimmunisierung im Abstand von mindestens drei Jahren geimpft werden sollen. Die Impfung gegen Leptospirose muss dagegen jährlich wiederholt werden.

Tollwutimpfungen werden schon seit vielen Jahren nur noch empfohlen, wenn man mit seinem Hund ins Ausland reisen möchte. Deutschland gilt seit dem Jahr 2008 als tollwutfreies Gebiet.

Dysbakterie – Chaos unter den Bakterien

Der Begriff Dysbakterie heißt eigentlich nichts anderes, als dass sich die Bakterienzusammensetzung in der Darmflora verändert hat. Die Vorsilbe Dys- kommt aus dem Griechischen und heißt „schlecht“. Bei einer Dysbakterie ist die Veränderung der bakteriellen Zusammensetzung krankhaft, nicht der Norm entsprechend. Eine Dysbakterie ist keine eigenständige Erkrankung, sondern immer die Reaktion auf „etwas“. Die größte Herausforderung bei einer Dysbakterie ist, dass wir diese bakterielle Verschiebung zunächst von außen nicht erkennen können. Wenn es zu sichtbaren Symptomen kommt, besteht das Problem meist schon längere Zeit.

Wenn wir von einer Dysbakterie sprechen, meinen wir - wie bereits erklärt - die verschobene Bakterienvielfalt im Dickdarm. Der Auslöser für das Durcheinander liegt aber häufig weiter vorn im Verdauungskanal. In den meisten Fällen im Dünndarm, aber manchmal auch schon im Magen. An irgendeiner Stelle in diesem Getriebe greift ein Zahnrad nicht richtig in das andere. Und ab dieser Stelle ruckelt es. Wenn man das schnell genug erkennt, bleibt der Schaden klein. Wenn es aber lange hakt und klemmt,

Eine verschobene Darmflora lässt sich von außen oft nicht erkennen. Sichtbare Anzeichen entstehen oft erst spät. Hier muss der Besitzer aufmerksam sein!

Auslöser für eine Dysbakterie

- Falsch zusammengesetzte Nahrung
- Medikamente (z. B. Antibiotika, Magensäureblocker, Schmerzmittel, Entzündungshemmer)
- Erkrankungen der Bauchspeicheldrüse
- Allergien und Unverträglichkeiten

läuft es bald auch vor der kaputten Stelle nicht mehr richtig rund. Das Problem hat sich jetzt in beide Richtungen ausgebreitet.

Deshalb ist es fast nie damit getan, eine Weile Probiotika zuzufüttern. Das ist, um bei unserem Beispiel zu bleiben, wie wenn sich der Mechaniker das Getriebe gar nicht anschaut, sondern einfach nur ordentlich Öl in den Motor kippt ... in der Hoffnung, dass das reicht. Wenn die Zahnrädchen tatsächlich nur etwas rostig waren, dann hilft das vielleicht. Wenn es aber ein anderes Problem war, hat man eigentlich nur Zeit verloren. Zeit, in der sich das Grundproblem weiter verschlechtern kann, und Zeit, die nicht genutzt wurde, um die richtige Ursache zu finden.

So ist es auch im Darm. Es gibt viele Ursachen, die eine Dysbakterie auslösen können. Jede erfordert eine eigene Herangehensweise an das Problem. Nur so kann eine Dysbakterie sinnvoll therapiert werden. Es geht nicht um die Frage: Wie bekomme ich die ungewollten Keime aus dem Darm wieder heraus? Wir müssen andersherum denken und uns mit der Frage beschäftigen: Warum sind sie überhaupt da? In einem gesunden Darm mit einer intakten Darmschleimhaut können sie nicht einfach den Bewohnern den Platz wegnehmen. Wir müssen nach der geöffneten Tür suchen, durch die sie hereinkommen können.

Die Darmsanierung

Darmsanierung ist mittlerweile ein Modewort, das so inflationär genutzt wird, dass es dabei fast seine wichtige Bedeutung verliert. Niemand kann so richtig sagen, was damit eigentlich gemeint ist. In der Werbung werden wir immer wieder auf probiotische Nahrungsmittel mit darmunterstützender Wirkung hingewiesen. Gerade im Bereich Nahrungsergänzungsmittel für Hunde boomt dieses Thema geradezu. Ein Grund dafür ist sicher, dass es so viele Hunde mit Magen-Darm-Problemen gibt. Und viele wollen dem Hund natürlich etwas Gutes tun. Wir wissen aus der Humanmedizin, dass der Darm eine wichtige Funktion hat, und die möchten wir gern unterstützen. Aber welches der vielen Pro- und Präbiotika tun dem Hund wirklich gut?

Damit du deinen Hund nicht sinnlos mit Nahrungsergänzungen fütterst, die keinerlei gesundheitliche Verbesserung bringen, aber viel Geld kosten, lies dir dieses Kapitel in Ruhe durch. Du erfährst hier, welches die wichtigen Punkte einer individuellen Darmsanierung sind.

Wann ist eine Darmsanierung sinnvoll?

Eine Darmsanierung ist weit mehr als nur der Wiederaufbau der verschobenen Darmflora. Mit ihr kannst du ...

- den gesamten Verdauungsapparat deines Hundes unterstützen.
- eine entzündete Darmschleimhaut therapieren.
- die Bauchspeicheldrüse entlasten.
- das Immunsystem unterstützen.
- Krankheiten vorbeugen.
- die Darmflora nach einer Antibiotikabehandlung wiederaufbauen.

Foto © Archiv M. John-Sauerstein

Hast du deinen Hund in einem der Krankheitsbilder, die ich in diesem Buch beschrieben habe, wiedererkannt? Dann überlegst du jetzt wahrscheinlich, wie du die Sache am besten in Angriff nimmst. Wenn du bis hierhin gelesen hast, weißt du ja, dass sich die Bakterien der Darmflora nicht einfach auffüllen lassen.

Wichtige Infos zur Darmsanierung

Wichtig ist, dass die Darmsanierung ganz individuell auf Probleme und Symptome deines Hundes abgestimmt ist. Deshalb verlasse dich nicht auf die Tipps von anderen, sondern lasse als Erstes den „Istzustand" des Darms feststellen. Um eine Aussage über diesen Istzustand zu erhalten, musst du eine Kotuntersuchung in Auftrag geben, damit du weißt, was du „sanieren" musst. Ohne vorherige Kotuntersuchung geht deine Darmtherapie womöglich ins Leere. Wie umfangreich so eine Untersuchung sein muss, liegt individuell an den Symptomen und der Krankheitsgeschichte deines Hundes.

Eine Kotuntersuchung kannst du selbst bestellen und der Ablauf ist einfach. Beim nächsten Gassigang kommt eine Probe aus einem frischen Häufchen ins Röhrchen, und ab geht die Post. Auch wenn du das allein machen kannst, ist es sinnvoll, einen Therapeuten mit ins Boot zu nehmen, der dir bei der Befundauswertung und dem Therapieplan behilflich ist. Denn je nachdem, was beauftragt wurde, kann man viel aus so einem Befund herauslesen.

- Sind im Dickdarm genügend gute Bakterien vorhanden?
- Haben sich schon Bakterien ausgebreitet, die wir dort nicht haben möchten?
- Wie ist der pH-Wert? Hat er sich schon zugunsten der schlechten Bakterien verschoben?
- Ist die Darmschleimhaut entzündet?
- Liegt ein Gallensäureverlustsyndrom vor?
- Produziert die Bauchspeicheldrüse a usreichend Verdauungsenzyme?
- Ist die Darmschleimhaut intakt oder gibt es ein Leaky-Gut-Syndrom?

So ein Befund lässt sich immer nur im Zusammenhang mit der Krankengeschichte und den aufgetretenen Symptomen deines Hundes auswerten. Die individuellen Symptome deines Hundes und die Auswertung des Kotbefunds sind die Grundlage bei der Erstellung eines Therapieplans, mit dem der Darm saniert wird. Dieser Plan beinhaltet nicht nur die zu verwendenden Heilmittel, sondern gibt auch cinc 3innvollc Rcihcnfolgc und dic Bchand lungsdauer an. „Step by step" - nur so können die einzelnen Heilmittel ihre Wirkung entfalten und eine Grundlage schaffen, auf der sich letzten Endes auch die zugegebenen Mikroorganismen wohlfühlen und ansiedeln können.

Wenn dein Hund gesund ist und du nur aus Interesse mal mehr über die Zusammensetzung seiner Darmflora erfahren möchtest, reicht die Erstellung eines normalen Darmflora-Screens aus. In so einem Fall brauchst du keine weiteren Parameter untersuchen

WICHTIG ZU WISSEN

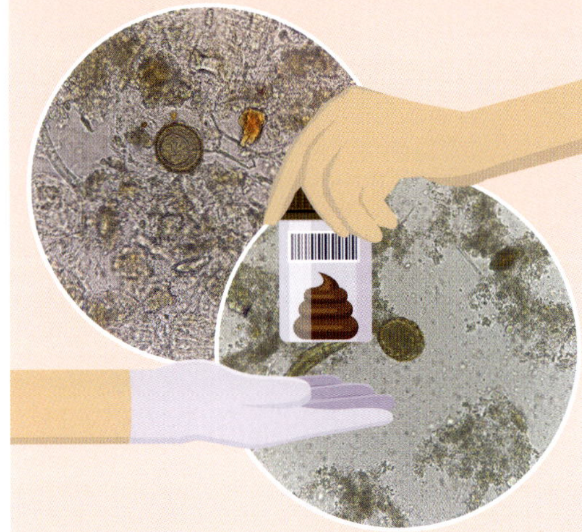

Kotprobe - das ist zu beachten

Falls du deinen Hund schon mit Heilmitteln unterstützt, musst du vor der Entnahme der Kotprobe Folgendes beachten:

- **Probiotika** (Präparate mit lebensfähigen Bakterien) müssen sieben Tage vor der Kotentnahme abgesetzt werden. Das ist wichtig, damit die zugefütterten Bakterien nicht „mitgezählt" werden und das Bild verfälschen.
- Auch **Präbiotika** sollten vor der Probenentnahme abgesetzt werden. Hier reicht ein Zeitraum von drei bis fünf Tagen.
- Wenn **Gallensäuren** gemessen werden sollen, müssen alle Heilmittel, die Schadstoffe binden (Heilerde, Zeolith, Heilmoor, Huminsäure u. a.) drei Tage vor der Kotentnahme abgesetzt werden.
- Hat dein Hund **Antibiotika** bekommen, nimm die Probe bitte erst 14 Tage nach der letzten Gabe.
- Wenn möglich, nimm **keine Durchfallprobe.** Bei Durchfall wird die Keimanzahl verfälscht, weil der Kot stark verdünnt ist.

lassen. Wenn alles gut ist – prima! Wenn sich doch Verschiebungen zeigen, dann such dir eventuell Hilfe bei der Auswertung und Behandlung. Der Aufbau der Darmflora und/ oder eine Therapie der Darmschleimhaut sind in den meisten Fällen langwierig. Eine Dauer von zwölf Wochen oder mehr ist hier keine Seltenheit. Einen Kontrollbefund deines Darmflora-Screens solltest du erst nach sechs Monaten in Auftrag geben. Die Bakterien brauchen lange, bis sie wirklich sesshaft sind und sich vermehren.

Darmgesundheit unterstützen, Erkrankungen vorbeugen

Das A und O bei der Vorbeugung (aller Krankheiten) ist eine gesunde Ernährung. Sie kann zwar nicht alles verhindern – auch Hunde, die mit dem hochwertigsten Futter ernährt werden, können krank werden. Gerade bei den Rassehunden haben wir es gehäuft mit Krankheitsveranlagungen zu tun, gegen die wir auch mit der besten Ernährung machtlos sind. Trotzdem ist minderwertige Ernährung eine Belastung für jedes Immunsystem und häufig ein Auslöser für Krankheiten. Gerade Magen und Darm leiden besonders unter minderwertigem oder unpassendem Futter.

Problemen vorbeugen durch Fütterung

Um die Darmgesundheit von Anfang an zu unterstützen, ist es wichtig, sich ein paar Gedanken über die Fütterung zu machen. Es gibt nicht „die eine, einzig richtige Fütterung". Aber zwei Punkte sollte jede Fütterung, neben der Ausgewogenheit der Nährstoffe, erfüllen:

- Achte auf die **Verdaulichkeit deines Futters**. Ein gesunder Hund braucht keine Schonkost, er kommt auch mit den schwer verdaulichen Komponenten seines Hundefutters zurecht. Aber nur, wenn dieser Anteil nicht überwiegt. Bei Fertigfutter solltest du deshalb den Fleischanteil deines Futters genau unter die Lupe nehmen. Ist wirklich Muskelfleisch in der Dose oder fängt die Zutatenliste mit schwer verdaulichen Zutaten wie Lunge und Pansen an? Oder hast du womöglich eine Dose erwischt, auf der du gar nicht erkennen kannst, was hier zu Hundefutter verarbeitet wurde?

Eine richtige und altersgerechte Fütterung ist Voraussetzung dafür, dass dein Hund sich in jeder Lebensphase wohlfühlt.

- Bei **Trockenfutter** ist es häufig schwer, auf der Packungsinformation die genaue Zusammensetzung zu erkennen, aber nicht unmöglich. Auch beim Trockenfutter solltest du dich daran orientieren, wie gut die Inhaltsstoffe für dich aufgeschlüsselt sind.

Noch eine Überlegung zum Schluss: Wenn du roh fütterst oder selbst für deinen Hund kochst, kannst du die Zusammensetzung der Ration selbst bestimmen. Aber auch hier ist es wichtig, dass die Fütterung richtig aufgebaut ist. Falsch zusammengesetzte Futterrationen können die Verdauungsorgane stark überlasten. Und nicht selten wird damit der Grundstein für eine Verdauungsstörung gelegt. Deshalb ist die Verdaulichkeit eines Futters ein ganz wichtiger Punkt für die Darmgesundheit. Schwer verdauliches Futter kann zu Verschiebungen in der Darmflora führen und damit im schlimmsten Fall der Auslöser für Magen-Darm-Problematiken sein. Es gibt viele Komponenten, die ein Futter in den Bereich Schwerverdaulichkeit schieben können. Wenn du in deiner Futterzusammensetzung die Ursache für die Verdauungsprobleme deines Hundes vermutest, dann hol dir am besten sachkundige Hilfe. Grundsätzlich gilt aber für jede Fütterung: 50 Prozent des Fleischanteils soll aus hochwertigem Muskelfleisch bestehen. Wenn du diese Regel berücksichtigst, ist das eine gute Unterstützung für die Verdauungsorgane deines Hundes.

Versorge deinen Hund mit Ballaststoffen, damit die Darmbakterien genügend Nahrung haben. Das habe ich schon öfter angemerkt, trotzdem möchte ich das noch einmal hervorheben. Nur wenn die Bakterien im Darm ausreichend Futter bekommen, kann die Darmflora ihrer wichtigen Aufgabe gerecht werden. Wenn die Darmflora schwächelt, dann schwächelt das Immunsystem und natürlich auch der Hund.

Foto © Shutterstock/Billion Photos

Futter aufpeppen

Auch wenn du Fertigfutter (Trocken- oder Nassfutter) fütterst, kannst du die Ration aufpeppen. Dafür brauchst du keine extra Pülverchen kaufen. Täglich ein Esslöffel frisch püriertes Gemüse über das Futter ist schon eine super Unterstützung und versorgt deinen Hund gleichzeitig mit wichtigen Vitaminen.

- Apfel
- Birne
- Karotte
- Grüner Salat
- Kürbis
- Topinambur
- Pastinake

Wichtig ist, dass du Obst und Gemüse ganz fein reibst, pürierst oder garst, damit es für den Hund verwertbar wird.

Wenn du diese Punkte bei der Fütterung berücksichtigst, hast du schon viel für die Darmgesundheit deines Hundes getan. Immer vorausgesetzt, dass die Ernährung deines Hundes bedarfsgerecht ist und ihn mit allen Nährstoffen versorgt. Man kann auf diesem Weg nicht jede Erkrankung verhindern, aber ein gesunder Darm ist die wichtigste Grundlage für ein starkes Immunsystem. Und das ist, neben dir, der wichtigste Partner deines Hundes.

Heilmittel für Magen und Darm

Es gibt einen sehr großen Markt an freiverkäuflichen Heilmitteln, die sich positiv auf die Magen-und-Darm-Gesundheit auswirken. Ich habe hier diejenigen aufgeführt, die sich in der Therapie von Hunden mit Verdauungsstörungen bewährt haben. Sicher ist die Liste nicht vollständig, aber sie hilft dir auf jeden Fall, deinen Hund zu unterstützen.

Flohsamen/Flohsamenschalen

Flohsamen sind die Früchte einer Wegerichart, die hauptsächlich in Indien und Pakistan angebaut wird. Im Handel erhältst du sowohl gemahlene Flohsamen als auch Flohsamenschalen (mehr dazu auf S. 88).

Leinsamen

Leinsamen in Form von Leinsamenschleim sind ein gutes Heilmittel, das wir bei Verstopfung einsetzen können. Die Leinsamenschalen enthalten viele Schleimstoffe, die die Kotmenge vergrößern und dadurch die Peristaltik, den Weitertransport im Darm, anregen. Der Schleim erhöht außerdem die Gleitfähigkeit des Kots und macht ihn weicher.

Eine besondere Wirkung hat der Leinsamenschleim außerdem auf den Magen. Er legt sich als Schutzschicht an die Darmschleimhaut und kann sie so vor übermäßiger Einwirkung der Magensäure schützen. Seine entzün-

Leinsamen anwenden

2 EL ganzen Leinsamen mit 250 ml Wasser aufkochen und ungefähr 15 Minuten bei niedriger Hitze leicht köcheln lassen. Dabei mehrfach umrühren.

Wenn der Leinsamenschleim abgekühlt ist, setzen sich die Samenkörner vom Schleim ab. Du kannst den Schleim jetzt abschöpfen und in ein verschließbares Behältnis füllen. Wenn sich der Schleim nicht richtig abgesetzt hat, kannst du ihn auch durch ein Sieb streichen, um die Körner rauszufiltern.

Im Kühlschrank hält sich der Schleim ca. 2–3 Tage.

Je nach Größe bekommt dein Hund mehrmals täglich je 1 TL bis 2 EL Leinsamenschleim.

Flohsamenschalen anwenden

Anwendung: 1 TL Flohsamenschalen mit 200 ml Wasser verrühren und 30 Minuten quellen lassen. Das überschüssige Wasser abgießen und vom entstandenen Schleim dem Hund mehrmals täglich 1–2 EL füttern (je nach Größe des Hundes).

Flohsamenschalen nicht trocken füttern! Aufgrund ihrer hohen Flüssigkeitsbindung kann es schnell zu Verstopfung kommen.

Flohsamenschalen immer einschleichen! Zu Beginn der Behandlung kann es zu leichten Nebenwirkungen kommen: Bauchgrummeln, Magenschmerzen, Blähungen. Das reguliert sich aber nach wenigen Tagen, wenn sich der Darm an die ungewohnten Ballaststoffe gewöhnt hat.

Flohsamenschalen immer mit zeitlichem Abstand zu Medikamenten! Aufgrund ihrer bindenden Wirkung ist es wichtig, einen zeitlichen Abstand zu Medikamenten, die dein Hund ansonsten einnehmen muss, einzuhalten. Sonst ist es möglich, dass die Wirkung der Medikamente beeinträchtigt wird. Wenn du in diesem Punkt unsicher bist, dann besprich das bitte mit deinem Tierarzt.

Wirkung bei Verstopfung: Die aufgequollenen Flohsamenschalen lockern den Kot auf und die abgegebenen Schleimstoffe sorgen für einen besseren Weitertransport.

Wirkung bei Durchfall: Die gequollenen Schalen binden die Flüssigkeit im Darm und erhöhen die Kotmenge. Dadurch wird die Darmpassage verlangsamt, sodass der Dickdarm genügend Zeit hat, dem Kot Wasser zu entziehen.

Zusätzliche Wirkung: Die Flohsamenschalen geben Schleimstoffe ab, die den Darm und die Darmschleimhaut schützen. Außerdem gehören sie zu den Ballaststoffen, die die guten Darmbakterien als Nahrungsgrundlage brauchen.

Foto © Shutterstock/StockImageFactory.com

dungshemmenden Inhaltsstoffe helfen der Darmschleimhaut, sich zu regenerieren.

Verdauungsfördernde Heilpflanzen

Für die Behandlung mit Heilpflanzen gibt es ausgebildete Therapeuten (Phytotherapie). Deshalb möchte ich hier nur auf ein paar grundlegende Punkte eingehen: Die in einigen Heilpflanzen enthaltenen Bitterstoffe sind hilfreich, um die Verdauung anzuregen. Der Einsatz von Heilkräutern zur Unterstützung der Magen-Darm-Funktionen hat sich bewährt und es gibt einige Fachbetriebe, die gute Kräutermischungen für die Bedürfnisse von Hunden herstellen.

Unter anderem aus diesem Grund sind Kräuterzusätze in Fertigfutter mit Vorsicht zu genießen. Allerdings sind diese zugesetzten Kräuter in den meisten Fällen so gering in der Menge dosiert, dass sie keinerlei gesundheitsfördernde Wirkung haben. Ich empfehle deshalb immer den gezielten Einsatz von Kräutern, je nach Krankheitsbild, damit es für den Hund einen positiven Effekt hat.

Foto © Shutterstock/weha

Kräuter – positiv für Magen und Darm

Zu den sogenannten Verdauungskräutern gehören zum Beispiel:

- Löwenzahn
- Scharfgarbe
- Wermut (im Bild)
- Kamille
- Anis
- Süßholz
- Eibisch/Malve

WICHTIG ZU WISSEN

Verdauungskräuter bitte nur einsetzen, wenn du sicher bist, dass dein Hund kein Problem mit vermehrter Magensäureproduktion hat. Denn fast alle verdauungsfördernden Kräuter regen die Bildung der Magensäure zusätzlich an. Auch bei Nahrungsergänzungen bitte unbedingt auf die enthaltenen Heilkräuter achten. Sonst schaden sie mehr, als sie nutzen.

Natürliche Schadstoffbinder

Darunter fallen Zeolith, Bentonit, Heilerde und Huminsäure. Diese Heilmittel werden hauptsächlich zum Schadstoffbinden bei Darmerkrankungen und Durchfall eingesetzt. Im Handel werden sie in verschiedenen Zusammensetzungen angeboten. Sie sind alle in der Lage, Schadstoffe und Wasser aufzunehmen.

Dabei gilt: Je feiner die Korngröße, desto besser die Schadstoffbindung und desto geringer die Dosierung.

ZEOLITH (Klinoptilolith, gehört zur Gruppe der Zeolithe) ist eine Mineralerde aus Vulkangestein, die in der Lage ist, Schadstoffe an sich zu binden. Da Zeolith unverdaulich ist, werden die Schadstoffe zusammen mit dem Zeolith ausgeschieden.

BENTONIT ist ein Gemisch aus verschiedenen Tonmineralien. Auch Bentonit bindet Schadstoffe. Im Unterschied zu Zeolith bildet Bentonit zusammen mit Wasser eine gelartige Schutzschicht, die sich als Schutz an Magen- und Darmwand legen kann.

HEILERDE besteht aus Lehm, Ton und Löss. Sie enthält viele Mineralstoffe und Spurenelemente. Sie bindet Schadstoffe und ist aufgrund ihrer Zusammensetzung auch in der Lage, überschüssige Säuren zu binden. Bei der Heilerde gibt es verschieden feine Körnungen, die je nach Verwendungszweck eingesetzt werden.

HUMINSÄUREN sind das Endergebnis des Zersetzungsprozesses pflanzlicher Stoffe. Auch Huminsäuren bindet Schadstoffe. Zusätzlich wirkt sie regulierend auf den pH-Wert im Darm.

Foto © Shutterstock/Julian Popov

Zeolith: Gesteinsmaterial zum Entgiften

Es wird diskutiert, ob durch die Gabe von Mineralerden nicht nur Schadstoffe, sondern auch Nährstoffe gebunden werden. Hier gibt es keine eindeutigen Aussagen. Deshalb ist es auf jeden Fall sicherer, Mineralerden nur als Kur oder bei Bedarf einzusetzen. Von einem kurzfristigen Einsatz sind keinerlei schädliche Folgen zu erwarten.

WICHTIG ZU WISSEN

Alles, was Schadstoffe an sich binden kann, kann auch Inhaltsstoffe von Medikamenten binden und damit deren Wirkung herabsetzen. Deshalb muss bei der Gabe von Schadstoffbindern ein zeitlicher Abstand von mindestens zwei Stunden zur Medikamentengabe eingehalten werden.

Ballaststoffe

Ballaststoffe sind Zellwandbestandteile von Pflanzen, die für den Hund unverdaulich sind. Auf den Nährwert des Hundefutters haben sie deshalb keinen Einfluss. Sie sind aber trotzdem wichtig, weil sie die Verdauung fördern. Wir unterscheiden zwei Formen:

- **Lösliche Ballaststoffe** binden viel Flüssigkeit und quellen auf. Sie unterstützen die Verdauungstätigkeit. Ihre wichtigste Aufgabe ist aber die Ernährung der Darmbakterien.
- **Unlösliche Ballaststoffe** sind Füllstoffe, die die Darmfunktion unterstützen. Sie nehmen nicht so viel Wasser auf und werden von den Bakterien im Darm nicht abgebaut. Ihre Hauptaufgabe ist die Verbesserung der Kotkonsistenz und ihre Wirkung als Sattmacher. Sie dienen nicht als Nahrungsquelle für die Darmbakterien!

Ballaststoffe richtig dosieren

Die richtige Menge an Ballaststoffen erkennst du am besten am Kotabsatz deines Hundes: Ein bis zwei Häufchen am Tag sind ein normaler Kotabsatz bei zwei Futterrationen. Hunde, die häufiger am Tag gefüttert werden, setzen eher zwei bis drei Häufchen ab. Wenn die Anzahl der Häufchen nach der Zugabe von Ballaststoffen deutlich steigt, muss die Menge reduziert werden. Bei Hunden, die grundsätzlich nur ein Häufchen am Tag machen oder vielleicht nur jeden zweiten Tag eins, sind eventuell zu wenig Ballaststoffe in der Ration.

Durchschnittliche Fütterung:
0,5–1 g pro kg Körpergewicht

Beispiel: Ein 15-kg-Hund
benötigt 7,5–15 g Ballaststoffe pro Tag.

Beispiele für lösliche Ballaststoffe

- Inulin: enthalten in Artischocke, Chicorée, Topinambur, Pastinake, Löwenzahn
- Pektin: enthalten beispielsweise in der Schale und den Kernen von Äpfeln, in Aprikosen, in Roten Johannisbeeren, Brombeeren und Möhren
- Akazienfaser
- Flohsamenschalen

Beispiele für unlösliche Ballaststoffe

- Zellulose: wird zum Beispiel als Futterzellulose aus den verholzten Bestandteilen von Laubbäumen hergestellt. Sie kann nach Anweisung unbedenklich zugefüttert werden.
- Flohsamenschalen: Sie enthalten sowohl lösliche als auch unlösliche Bestandteile und gehören deshalb in beide Gruppen.

WICHTIG ZU WISSEN

Ballaststoffe immer langsam einschleichen, damit sich der Verdauungsapparat daran gewöhnen kann.

Präbiotika, Probiotika, Synbiotika

PRÄBIOTIKA sind die Nahrungsquelle für die guten Bakterien. Sie gehören zu den löslichen Ballaststoffen und werden von den Darmbakterien verstoffwechselt. Hierbei entstehen kurzkettige Fettsäuren (zum Beispiel Buttersäure), die wiederum den Zellen der Darmschleimhaut als Energiequelle dienen.

PROBIOTIKA sind Präparate, die lebensfähige Mikroorganismen enthalten. Mit ihrer Hilfe kann die Bakterienlandschaft der Darmflora unterstützt werden. Bei diesen Präparaten ist es aber wichtig, auf die Zusammensetzung zu achten. Denn sie unterscheiden sich sowohl in der Art der zugesetzten Bakterien als auch in ihrer Menge und der Grundsubstanz des Präparats. Welche Bakterien in der Darmlandschaft fehlen, kontrollierst du am besten mit einem Kotflora-Screen.

SYNBIOTIKA sind eine Mischung aus Prä- und Probiotika. Sie enthalten sowohl lebende Bakterien als auch eine geeignete Nahrungsquelle für die Bakterien. Dabei ist zu beachten, dass diese Mischung nur sich selbst ernährt. Das heißt, wenn die Bakterien sich ansiedeln und vermehren, reicht die Nahrungsgrundlage aus dem jeweiligen Präparat nicht aus. Es müssen auch Ballaststoffe in der Futterration sein.

Füttere Deinem Hund am besten nur kleine Mengen Paprika, und – sofern möglich – beschränke dich auf durchgereifte, rote Paprika. Die rote Paprika hat im Vergleich zur gelben und grünen am wenigsten Solanin und kann damit in kleinen Mengen bedenkenlos gefüttert werden. Foto © Shutterstock/New Africa

Foto © Shutterstock/Alp Aksoy

Rezept Knochensuppe

Knochensuppe ist ein sehr altes Heilmittel und kommt, wie die Möhrensuppe, eigentlich aus dem Humanbereich. Durch das extrem lange Kochen werden wichtige Inhaltsstoffe freigesetzt. Knochensuppe wirkt:

- entzündungshemmend
- heilend auf die Darmschleimhaut
- unterstützend für die Gelenkgesundheit

Zutaten:

- 1 kg Knochen – es können Knochen von allen Tierarten sein und unbedingt auch Gelenkknochen mit Knorpel.
- Wasser, so viel, dass die Knochen während des gesamten Kochens mit Wasser bedeckt sind.
- 2 EL Apfelessig

Zubereitung:

1. Alle Zutaten kommen in einen großen Topf und werden aufgekocht. Damit sich die wichtigen Inhaltsstoffe der Knochen lösen, muss die Suppe lange bei schwacher Hitze köcheln. Die Angaben zur Kochzeit liegen zwischen 12 und 24 Stunden. Während dieser Zeit sollte die Brühe, mit geschlossenem Deckel, immer leicht vor sich hin blubbern.
2. Im Anschluss werden alle Knochen und Knochenteile herausgeholt und entsorgt. Bitte niemals gekochte Knochen verfüttern – sie können splittern!
3. Die Suppe hält sich im Kühlschrank zwei bis drei Tage. Sie kann auch portionsweise eingefroren werden.

Tipp: Wenn dein Hund mäkelig ist, kannst du die Suppe in kleinen Eiswürfelportionen einfrieren und zum Beispiel nutzen, um Heilerde oder Ähnliches etwas schmackhafter zu machen.

Das Rezept für die bewährte **Morosche Möhrensuppe** findest du auf Seite 51!

Futtertagebuch von ....

Woche vom .... bis ....

MAIKE SAUERSTEIN
TIERHEILPRAKTIKERIN

	Futter	Leckerli	Zusätze	Symptome	Kot	Wetter	Sonstiges
Mo							
Di							
Mi							
Do							
Fr							
Sa							
So							

So könnte dein Futtertagebuch aussehen. Eine Vorlage zum Download findest du auf meiner Website **tierisch-wichtig.de/futtertagebuch.** Zusätzlich erhältst du dort noch weitere Tipps und Infos, die dir beim Ausfüllen des Futtertagebuchs eine Hilfe sind.

Quelle © Maike John-Sauerstein

Foto © Archiv M.John-Sauerstein

Die Autorin

Maike John-Sauerstein ist Tierheilpraktikerin mit großem Erfahrungsschatz. Im Laufe ihrer mehr als zehnjährigen Arbeit ist sie bei fast jeder Behandlung auf das Thema Fütterung gestoßen. Um ihren Wissensfundus zu erweitern, entschied sie sich dann, eine Zusatzausbildung zur Ernährungsberaterin für Hunde und Katzen zu machen. Mit diesem neuen Wissen konnte sie ihre Grenzen schon deutlich erweitern. Eine neue Herausforderung stellte dann der Themenbereich Darmgesundheit und Darmsanierung dar. Für die Autorin ein Grund, sich auch in diesem Feld intensiv fortzubilden. Seit drei Jahren betreut sie hauptsächlich Hunde-Patienten mit chronischen Magen-Darm-Erkrankungen, dazu bietet sie auch Online-Kurse an. Maike John-Sauerstein hat ihren Lebens- und Arbeitsmittelpunkt in der Pfalz, betreut aber Patienten in ganz Deutschland.

Die Autorin lebt mit ihrer Familie in der Nordpfalz auf einem alten Dreiseit-Hof, zusammen mit Katze, Hühnern und Schafen.

Stichwortregister

Quellen

Beckmann, Gero/Rüffler, Andreas: Mikroökologie des Darms. 5. Aufl. Labor LS SE & Co. KG, 2019
Kues, Wilfried A./von Köckritz-Blickwede, Maren: Biochemie für die Tiermedizin. Thieme, 2021
Steiner, Jörg M.: Gastroenterologie bei Hund und Katze. Schlütersche Verlagsgesellschaft, 2011
Suter, Peter F.: Praktikum der Hundeklinik. 11. Aufl. Verlag Enke, 2011
Zentek, Jürgen: Ernährung des Hundes: 8. Aufl. Enke Verlag, 2016